Zen of Algorithms——Recurrence and Recursion

算法之禅

递推与递归

刘铁猛 / 著

(Timothy)

中国水利水电出版社
www.waterpub.com.cn
·北京·

内 容 提 要

算法是个有趣的东西——针对某个问题设计算法的时候，不会的人感觉像"大海捞针"，而会的人则感觉像"一苇渡江"。高手的头脑里都有一张"算法地图"，算法之间不是孤立的，而是彼此连通的。算法之间的内在联系有很多，但挖掘到根源上，就是递推与递归两种思想。本书从深度解析递推和递归这两个基本算法思想开始，用它们贯穿起了《算法导论》中的几十个经典算法，包括排序、查找、回溯、贪心、分治、动态规划、图算法等。

本书成稿自作者的教案，秉承了作者一贯的风趣幽默又不失严谨的写作风格，同时融入了学习心理学和认知科学的实践原理。作者的诸多学生在参加完以本书内容为蓝本的集训后进入了微软、脸书、亚马逊、领英、甲骨文等公司，所以本书是经过千锤百炼的一线教学成果。

本书适合于所有想通过学习算法来精进自己编程能力的读者。为了倾听读者们的心声、不断完善这本书，作者热切地期待大家与他在领英上建立联系。在那里，作者还将源源不断地与读者们分享种类教学资源和工作机会。作者的领英首页是 https://www.linkedin.com/ in/hexagons/。

图书在版编目（ＣＩＰ）数据

算法之禅：递推与递归 / 刘铁猛著. -- 北京 ： 中国水利水电出版社，2020.10
ISBN 978-7-5170-8934-6

Ⅰ. ①算… Ⅱ. ①刘… Ⅲ. ①算法分析 Ⅳ. ①TP301.6

中国版本图书馆CIP数据核字(2020)第184914号

策划编辑：周春元　　　　责任编辑：陈 洁　　　　封面设计：李 佳

书　　名	算法之禅：递推与递归 SUANFA ZHI CHAN：DITUI YU DIGUI
作　　者	刘铁猛 著
出版发行	中国水利水电出版社 （北京市海淀区玉渊潭南路 1 号 D 座　100038） 网址：www.waterpub.com.cn E-mail：mchannel@263.net（万水） 　　　　sales@waterpub.com.cn 电话：（010）68367658（营销中心）、82562819（万水）
经　　售	全国各地新华书店和相关出版物销售网点
排　　版	北京万水电子信息有限公司
印　　刷	三河市鑫金马印装有限公司
规　　格	184mm×240mm　16 开本　10.25 印张　208 千字
版　　次	2020 年 10 月第 1 版　2020 年 10 月第 1 次印刷
印　　数	0001—4000 册
定　　价	68.00 元

凡购买我社图书，如有缺页、倒页、脱页的，本社营销中心负责调换

致　谢

　　亲爱的读者，当你读到这篇致谢的时候，你应该还没有开始正文的阅读，因为大多数时候"致谢"都紧跟在一本书的序言之后。而对于我们作者来说，"致谢"则常常是需要为一本书撰写的最后部分，因为这时候整本书的编辑、勘校、排版等工作已经收尾，马上就要印刷发行了。对于我而言，"致谢"也是最激动人心的部分，因为在这里出现的都是与本书出版相关的、最重要的人们——它就像一个时空隧道，几十年后打开它，依然会让我想起这些朋友、让一件件往事历历在目。

　　本书的顺利出版，首先要感谢中国水利水电出版社的周春元先生。若不是周先生慷慨接纳我的文字并组织最优秀的团队将之编辑成册，恐怕这些有趣的内容会永远躺在互联网的某个角落里、无缘与大家相见。次者，我要将我最诚挚的谢意献给本书的责任编辑陈洁女士，是她亲自用一双慧眼和化腐朽为神奇的能力将我那堆粗鄙不堪的文字编辑成一本让人赏心悦目、爱不释手的书籍。你可能会想："不就是作者对出版社的日常吹捧嘛，有什么！"还真不是这样。试想，如果你看到一个讲算法的作者把 Java 虚拟机的缩写写成 JMV（正确的应该是 JVM），你会怎么想？你一定会想："你到底会不会编程啊？还讲算法！"是的，就像你所感受到的，内容当中的"低级错误"伤害的已经不仅仅是阅读体验，伤害更多的恐怕是读者对内容和对我的信任。而前面这个错误，正是我亲手写下的、几十上百个错误中的一个（而且不是最"丢人"的一个）。对于程序员而言，"笔误"这个东西是不存在的，因为无论是脑子抽筋还是笔误，所产生的错误代码都会让程序崩溃。整个编辑和勘校过程，自始至终，陈编辑都与我保持着十分密切的联系。每次她发来的编辑建议中，都会有那么几个让我汗颜自责的错误，甚至怀疑自己培养了十多年的职业素养是不是都拿来喂邻居家的哈士奇了。万幸有陈编辑鼎力相助，才让这本书在这么快的时间顺利出版。陈编辑不但治学严谨，而且十分耐心——编辑过程中，经常是她刚刚编辑好一章，我就对原稿内容做了补充或者修改，而陈编辑从来没有怨言、马上就做出相应的调整，让我十分感动。让我们一起为她点赞！另外，尽管本书中的代码在我本机上都能顺利运行，但这并不意味着其中就 100%没有 bug，而且，代码中的 bug 也完全超出了编辑团队的知识范围。所以，如果大家发现错误——算我的，请不要责怪编辑团队。我一定会以最快的速度改正错误。

　　我小的时候，家里经济条件不好，按理说是没有机会接触到计算机并最终以计算机科学作为自己职业生涯的。所以，我一生都要感谢我的计算机启蒙老师——刘晓林先生。正是他用自家的 286 将我带上了计算机科学的道路，让我认识到了什么是 DOS，什么是 Windows，什么是编程。一转眼我已经成长到了当年刘叔叔教我计算机的年龄——我也将肩负起一个先行者的责任，将计算机科学技术普及给更多的新人，让更多的新生代年轻人接触到这个行业。

跟师父进门后，我之所以能够继续在计算机科学领域扎根、发展，全靠志同道合的伙伴们引领和鼓励。在这些伙伴中，对我影响比较深远的有这么几位：刘扬（初中挚友，刘叔叔的儿子）、张博（高中挚友，现在在上海从事法律与计算机科学结合的创新、创业）、谢志威（大学挚友，现在是小学校长）、余峰（旅美后的职业发展榜样，现就职于Google）。感谢生命中有你们的出现。

计算机科学行业是丰富多彩的。进入行业后，我遇到了形形色色的人们，也有了些许起起伏伏的经历。感谢每一位曾经与我有过交集的朋友，感谢每一分信任、每一次鼓励、每一个挑战……在你们身上，我发现了无穷无尽的优点，也从你们那里学到了很多之前不曾具备的能力。是你们，让我从一个鲁莽无知的少年，成为了一个稳健前行的中年人。是你们，让我认识到"尊重真理，尊重人性"是一种多么珍贵的品质。

刘铁猛

一夜春风，万树梨花

（推荐序）

Thomas H.Cormen、Charles E.Leiserson、Ronald L.Rivest、Clifford Stein 合著的《算法导论（第三版）》一书，涵盖了我们常用的大多数算法，并系统性地对各个算法从概念、性能、优劣等各方面进行了深入而有见地的分析与讲解，全书近 800 页。这本书的四个作者全部是全球顶尖大学的博士加教授，所以这本书有再大的声响，也实在不算奇怪。

Robert Sedgewick、Kevin Wayne 合著的《算法（第四版）》也大概在同一时期出版，也许是由于作者比上面那本书少了两位，全书只有 600 来页，虽然拿在手里还是不轻，但无论如何，能够在那个年代给出算法的 Java 实现，也真是善莫大焉。

以上两本书的出版时间，大概都是在 2012 年。此后，随着国内软件技术水平的飞速提高，在算法领域也涌现出不少优秀的图书作品，有大话的，有啊哈的，有漫画的。总之，但凡能为读者降低一丁点儿学习难度的算法书，都受到了读者喜爱。

但上述两本书的地位却从未受到过实质性挑战，被读者奉为算法学习之圭臬，长期占据算法类图书排行榜前两名。这种现象的产生，可能包含了上述提到的种种原因，或许也有致敬经典或购书的从众心理。但不得不说，粗略算来，以上两本书离出版时间迄今已经 8 年有余，8 年时间，当时生的孩子现在应该可以打酱油了。而两三斤的重量，也不是普通算法练家子敢于承受的——无论是心理还是身体。

算法，承载着无数程序员的追求与梦想，纵是被虐千百遍，依然待之如初恋。算法在磨砺着众多程序员心智的同时，也在被无数程序员吸收、质疑、优化。铁猛，便是这队伍中的一员。

说起铁猛，不少资深的程序员都熟悉。大概在以上两本算法图书出版的同一时期，铁猛的第一本技术著作《深入浅出 WPF》面世，这本书，也是近 10 年来铁猛写过的唯一的一本书。尽管已经重印十余次，但直到现在，该书依然有读者在不断购买。近 10 年来，WPF 的版本已历经数次更新，市场上讲解 WPF 最新版本技术的图书也比比皆是。作为该书当时的编辑，我确信该书在技术之外，一定有些其他可以触动读者的因素，这或许包括其治学的态度，或许包括对其文字的欣赏，或许还包括某些只有程序员可以体会的特别的原因。我只知道，因为这本书的积累，铁猛的功力达到了一个相当的高度，从而得以顺利进入美国微软。

不久前的某一天，身在美国的铁猛联系我，说他在准备面试的过程中，总结了一些关于算法的内容，想让我帮忙掌掌眼。我嘴上是淡淡的答应，心里却着实来了精神。以我对铁猛的了解，他主动拿出去让人掌眼的，一定是他最用心、最值得与技术社区分享的好东西。

他把这些关于算法的内容发给了我，也就是本书的初稿，基本上也是本书的终稿。我把本书的一些审读体会讲给大家。

首先，本书与上述提到的《算法导论》及《算法》相比，是一本让你有条件可以倒背如流的书。所谓的有条件，一是书不能太厚，六七百页的书，读一遍都困难，别说倒背了；二是得能够让人真正深刻理解，对于理解不了的书不要说百十来页，就是背上一页都难于上青天；三是要有倒背的必要，你若对任一经典算法能信手拈来，相信你一定可以得到一个全球 IT 企业 Top 10 的 Offer，面对这种投资产出比，背几个算法，有何不可？四是要背就得背一本值得背的书。

当然，请读者背一本书只是个玩笑，每位读者对一本书的价值，都有自己的评定。

本书主题为"算法之禅"。算法，不要说是照本宣科地讲，哪怕深入浅出地讲，我感觉与这个"禅"的意境还是云泥之别。

禅是诸法因缘生。算法领域，经典笼罩，读者能发现此书，为"缘"。

禅是一沙一世界。如果能从作者的某句话中得到一个顿悟，能从一个算法的讲解中体会到作者之所以达到某种高度的内因，这书是 100 多页还是 800 多页，也就无关紧要了，你必将拥有世界。

算法像一个棒槌，中间容易两头难。假设天下算法共有九九八十一种，你若想创造出第八十二种，这比较难，建议随缘；若想把这八十一种算法都弄明白怎么回事，不是太难，但仅弄明白怎么回事，除了侃大山外却没什么别的大用；要把任意算法都能信手实现，这个也比较难，但确是值得下些功夫的，因为这类人在代码江湖中不足十之一二，一旦入围就是值得仰望的存在。

可见，算法学习的核心，就是算法的实现。不能实现、面试时不能实现、面试时稍加变化就不能实现，这代表了算法水平的地下三重天，反之则是地上三重天。而在实际工作中，面对实际应用场景，一个最恰当的算法能不能实时地从脑海中跃然而出并就地化为代码，这是我们真正的目标。

而任何算法的实现，世界上只有两条路：递推，或者递归。

递推与递归都能完成算法的实现，各有所长又各有局限，当你既可以用递推的思想来实现算法，又可以用递归思想来实现算法，你就实现了 Offer 自由。

而本书，不但对算法进行了完整的实现，更是用递推与递归的方法进行了双重实现。从这个角度，本书还当真是世界无二了。

我真诚向大家推荐这本书，希望大家有缘领略铁猛老师优雅的文字、极美的代码、深邃的思想，在本书的引领下，实现 Offer 自由。

十年寒窗，只待一夜春风，万树梨花。

周春元
北京

目　　录

后记

00

开篇绪言

缘起

当我们处理一组数据的时候，只有递推（recurrence）和递归（recursion）两种代码能够推动程序不断前行、直到把这组数据全都处理完——如果不是仅有递推一种的话。换句话说，递推和递归是所有算法的根基，这是由图灵机的特性所决定的。

至于这组被处理的数据，我们对它的最低要求就是——其中的每个元素都能被访问到。最基本的"访问每个元素"的方法就是"从头到尾访问一遍"，也就是我们所说的"迭代"（iteration）。除此之外，这组数据可能还支持通过别的方式来访问其中的元素，比如：如果这组数据中的元素是有先后顺序的，那我们就可以直接访问"排在第几位的那个元素"；或者，这组数据中的每个元素都有一个与之对应的、唯一的"别名"（就像每个学生都有一个学号那样），那么我们就可以通过这个别名来访问这组数据中的元素。

再高级一些，这组数据中的元素之间彼此可能会有些关联。比如：一个元素知道排在自己"前面"和"后面"的元素是谁——也就是对这个元素的访问"会从哪里来"和"会到哪里去"。可以想象，如果排在某个元素"前面"和"后面"的元素总是单一的（即既不共享"前面"的元素，也不共享"后面"的元素），那么这组数据就好像一条锁链（当然也有可能是首尾相接、如"衔尾蛇"一般的环）；如果"前面"总是一个元素，而"后面"可以有多个元素（共享"前面"的元素），且元素们不共享"后面"的元素，这时候这组数据看起来就像一棵树；当元素们开始共享它们"前面"和"后面"的元素时，这组数据之间的关系就好像一张网了……我想说的是：当一组数据以某些或简单、或复杂的关系组织在一起的时候，它们就成了数据结构（data structure）。因为元素间可能的关系无穷无尽，所以按理说数据结构也应该是无穷无尽的。但随着计算科学的不断演进，那些功能明确的、高效的数据结构们就被保留了下来、不断地被标准化为抽象数据类型（abstract data type, ADT），并最终被纳入各个编程语言的标准库中。反之，那些功能不明确或者"不怎么好用"的数据结构就被慢慢淘汰、永远地沉睡在某个时代的论文中了。用基于递推和递归的算法来处理各种各样的数据结构——这几乎就是我们全部的编程活动。

虽然业界叫得上名字的数据结构早就数以百计，但常用的也就那么十来种。所以，能熟练地将十来种经典的数据结构分别用递推和递归的方法来进行各种处理、并拿来解决各种现实中的问题，这对所有希望进阶自己编程水平的人都至关重要——包括从自学转向专业学习的朋友、想参加编程竞赛的朋友以及正在准备面试的朋友。我们这本书的大概体量，大约会有上百段可以直接拿来用的代码。这些代码，我希望大家能够做到"one round bug free"，也就是能够不出错地一遍将它们写对——这就是业界对"熟练"的定义。这种"熟练"，无论是对提高编程速度还是对提高编码质量来说，都是大有裨益的。很多朋友都在问："有没有一本书，我把上面的代码都背过，我的编程水平就提高上去了？"我想，这本书就是吧。当然了，机械地背代码是没有用的，真正的"背过"指的是你已经完全透彻地理解了每个算法，就像它们已经融入了你的思维和血脉。

你可能会问："真的有必要将几百段代码都背过吗？"当然不是，因为很有可能有些算法的某些实现复杂且不实用，收录它们的意义在于告诉你——关键时刻可不要选它们。我想向你传递的一个理念是——当你所掌握的解决问题的方法是你将面对的问题的超集时，就没有什么问题能真正难到你了。这里说的"问题"指的是那些你有可能遇到的、常见的问题，比如：工作上的问题、竞赛中的问题或者是面试时的问题。说起来，这也是一种算法思想呢！叫做"穷举法"（proof by exhaustion），也叫"蛮力法"（brute force method）。你别看它又是 exhaustion 又是 brute 的，在明智地限定好范围、不过多浪费时间和精力的情况下，最扎实的学习方法莫过于它了。说实话，我是不太相信自己在工作、竞赛或面试中能"急中生智"的。所有的"灵光一现"都是因为在平时的工作和学习中做过了充分的积累，在关键时刻，我们的大脑将已有的经验快速地检索一遍、发现某几个经验在拆分和重组后正好可以用来解决当下的问题。在我看来，如果不想把解题或者面试搞得像赌博似的，最好的办法就是把功夫下在平时——平时耐心地、踏踏实实地学习和训练才能让我们"心有灵犀"，然后在面对问题的时候"一点就通"，否则，空空的脑袋是无论如何也点不通的。

插一个小问题：给你一组平面上的点，请你去掉两个点，让剩余的点在平面上所占的面积最小。这个问题应该怎么解决呢？没经验的朋友可能会想这也许是个计算几何学的问题。其实哪有那么复杂！解决的办法是：分别把这组点中 x 和 y 的值最大和最小的点找出来，一共四个，然后两两组合、尝试去掉，看看剩下的面积最小是多少就行了——一共才尝试 6 次，这绝对是个可以接受的解决方案。这就是我前面提到的"明智地限定好范围"。

回到正题。如果你信奉某种思想，那么这种思想一定会渗透到你的生活中、影响到你的方方面面。就拿"穷举法"来说，在讲解一个问题前，我喜欢把能找到的所有资料或粗或细地看一遍才感觉有底气；平时也喜欢挑个风和日丽的日子尝试探索生活小区周边的每条大街小巷。特别怀念十年前住在北京积水潭的日子，那里似乎有永远也逛不完的老北京胡同。记得有一次，我沿着一条长长的胡同七拐八拐走了很远，一出胡同，眼前豁然开朗——几条胡同汇聚的地方是一大片空地，空地上是一个颇有些年头的便民市场。旧式的墙上，几十年前的标语依稀可见，就好像那里的时间从未流逝过一样。市场里有各种摊位，除了蔬菜瓜果、生活用品什么的，甚至还有些老物件和小古玩什么的。阳光穿过树冠，再从市场的顶棚照射下来，行走在其中，眼前忽明忽暗。我穿过市场，从尽头的一个小门走出去，没想到竟然是一条车水马龙的主干道！那种跨越了古朴与繁华两个世界的感觉，至今记忆犹新。直到现在，已经旅居美国十年，我仍然喜欢开着车去探索城市中的每一条道路、去体验那种"柳暗花明又一村"的惊喜，最重要的是——赶上堵车的时候我几乎总能找到一条人烟稀少的小径、顺顺当当地回到家中。这本书的代码里，处处埋藏了这样的惊喜，当你细细品味它们、把玩它们，你一定会发出不少惊叹："哦！原来这个算法与那个算法是相通的！"这样，当你下次面对类似问题的时候就不会再猜来猜去、犹豫不决——因为从起点到终点有几条路、哪条路是通的哪条不通、哪条路最好走哪条比较费劲，你早就已经了然于胸。读这本书的时候，我希望你能和我一样体验到那种"探路"的感觉。那种感觉应该是轻松的、愉悦的，所以，千万别紧绷着神经、认为自己是在学习算法、必须要一丝不苟才可以。请把提高编程能力的期望寄托在自己能够承受的、长时间的研习上，最好还能体验到"心流"（flow）的感觉。面对错误，更要放宽心——探路的时候哪有不犯错的？不走进几次死胡同，那能叫探路吗？况且，"此路不通"也是知识的一部分，它可以明确地告诉我们在某些情况下什么是明智的选择、不要在哪里白费时间。

在我看来，代码、生活和写作都是有禅意的。这份禅意来源于你对它们的专注。所谓专注，就是去除一切杂念，保留最纯真、最本质的部分；通过"渐修"不断积累资粮和磨炼意志，最终在"顿悟"中明心见性、得到真趣并接近真理。

这本书所记录的，就是我在算法学习中的一些"渐修"与"顿悟"。

预备知识

前面的文字中提到了递推、递归、数据结构等概念，显然，这不是一本绝对入门级的书。但这本书也绝不是什么高深之作，充其量就是一本厚一点的博客文集，所以完全不必紧张。如果想从本书中汲取营养，你需要具备以下这些知识。

首先是一定的 Java 语言编程能力，包括：

● 对于类型（type）、变量（variable）、常值（literal）等概念有正确的理解。

- 能正确使用常用的运算符（operator）组成表达式（expression）。
- 能正确使用 if、for、while 等常用语句。
- 能正确地声明和调用方法（method）。
- 知道怎么声明类（class）和实现接口（interface）。
- 知道如何创建类的实例并与之交互。
- 知道如何阅读 Java 语言和库的文档。
- 读懂别人代码和调试（debug）代码的能力。
- 敏锐的观察力和缜密的思考力。

这本书之所以选择用 Java 语言来编写代码，原因是 Java 开发包（Java Development Kit, JDK，也就是我们常说的 Java 语言的库）中包含了丰富的数据结构，可以直接拿来用。我的日常工作中会用到 C#、C/C++、Python、Java、JavaScript 和 Go 几种语言（没错，稍微资深一点的程序在工作中都会用到不止一种语言，那种抱着一种语言不放并"誓死效忠"的家伙们肯定是刚刚起步）。个人感觉，在不调用第三方库的前提下，语言自带库的算法/数据结构丰富程度大概是：Java≥C++ > C# > Python≥JavaScript≥Go > C。举个例子：众所周知，优先队列（priority queue）是一种在算法中很常用的数据结构，Java 和 C++的库中都有对这个数据结构的实现，而 C#的库中就没有（至少现在还没有，.NET 5.0 据说会加进去，不过那也是 2020 年底的事儿了）。栈（stack）这个数据结构就更常用了，Python、JavaScript、Go 的库中都没有对这个数据结构的直接实现——我们只能用功能近似的数据结构来"凑合"一下——虽然不影响代码的功能，但绝对不是写作时的首选。

其次是对经典数据结构的一些了解，包括：

- 知道数组（array）、列表（list）、链表（linked list）、队列（queue）、栈（stack）、优先队列（priority queue）、集合（set）、字典（map/dictionary）、并查集（unit-find）等的特性、功能，会调用它们的 API。
- 最好还了解上述数据结构及树（tree）、图（graph）等高级数据结构的实现。
- 能理解这些数据结构嵌套在一起时的功能和效果，如二维数组、列表的列表等。

主要是这本书的目的和体量不允许我在里面去讲诸如"数组插入/删除元素的效率"或"如何使用链表来实现队列和栈的 push/pop 方法"这些内容。况且，讲述这些经典内容的书籍比比皆是，而且它们已历经数十年的打磨与沉淀，我又怎敢袭人故智？在本书里，更多的是如何直接使用这些数据结构，让它们与各种算法结合、展现出不同的功能和效果。

想学习数据结构相关的基础内容，推荐由 Robert Sedgewick 与 Kevin Wayne 合著的《算法》（目前是第 4 版，有中文版）和由 Thomas H. Cormen、Charles E. Leiserson、Ronald L. Rivest 与 Clifford Stein 合著的《算法导论》（目前是第 3 版，有中文版）。就像《穷查理宝典》书名中的"穷查理"——查理·芒格拥有 17 亿美元的净资产一样，《算法导论》的书名中虽然有个"导论"，但这个"导论"是相对于整个计算科学而言的。不出意外的话，如果你未来不搞

CHAP00

专门的算法研究，这本"导论"基本够你整个职业生涯做参考了。所以，别被书名误导。

相信有些转专业或者业余的朋友在尝试学习上述两本书的过程中会感到它们很"硬"、很艰深、很难啃。没关系！你只需要了解这些经典数据结构的大概就可以了，本书会带你实践它们的应用。相信在丰富的练习中，你能逐渐熟悉每个数据结构的功能和特性，之后就可以继续深入学习这两本书了。实际上，这两本书中的重要算法都已经包含在了本书的代码范例中，敬请笑纳。

都说书是用来结缘的。如果你我能通过这本书在学习和职场上结缘，那么请在领英（LinkedIn）上与我建立联系（www.linkedin.com/in/hexagons），这样我就可以更好地倾听你的心声和需求，与你分享信息和资源，互相勉励、共同进步了。

01

思想与实现

递推（recurrence）与递归（recursion），既可以指思想，又可以指实现。当我们说"这个问题可以用递推（或递归）的方法来解决"时，它们指的是思想、思路。而当我们说"这是一段递推（或递归）代码"时，它们则指的是编码与实现。你可能会想："递推思想当然得用递推代码来实现，递归思想当然得用递归代码来实现，顺理成章嘛！"其实不然，我们用递归代码来实现递推思想或者用递推代码来实现递归思想的情况并不在少数——有的时候是为了代码的清晰和简化，有的时候则是受到软件工程规约的限制。

本章我们就来一起把递推与递归的思想与实现理顺一遍。

思想

递推与递归都带有一个"递"字，"递"指的是"递进"，即依靠重复某个模式（pattern）不断向目标推进的意思。这绝不是望文生义，因为它们的英文单词也都带有 re-这个表示重复的前缀。所以，重复是它们的关键。但我们知道——算法必需要能适时地停下来，所以重复不能永远进行下去，也就是说，当我们使用递推或递归思想的时候，除了要关注它们是怎样重复的，也要在第一时间考虑如何让它们停下来。如果只考虑怎样重复、不考虑怎样停止，我们迟早会像困在树梢上的猫咪一样，等着消防员来解救。

下面再来看看它们的区别。

递推思想中的"推"（即"推进""推导"之简写）指的是立足于当下已知的数据向着目标结果推导出下一步结果，直到达成目标。值得注意的是，由当下已知的数据推导出来的"下一步"结果可能是一个也可能是多个，如果是多个，那就有可能涉及到多个结果之间的协同与取舍。

递归思想中的"归"（即"回归"之简写）指的是一开始我并不知道当下的结果是什么，需要等待用于构建当下结果的基础结果都收集上来了（即放出去的问题都有了答案，各答案纷纷回归本处），才能得到当下想要的结果。而且，当下这个结果还有可能是别的发问者想要的答案，还需要继续向上提交。递归思想在收集低一层基础结果的时候，有可能只是在等待一个结果，也有可能是在等待多个结果，如果等待的是多个结果，那么递归思想的两个独特优势就体现出来了：一，递归思想可以保证所有底层问题（子问题）一定会在上层问题（父问题）解决之前就都解决了，而且，通过缓存子问题的结果还可以保证每个子问题只求解一次、不重复求解；二，这些收集上来的结果可以在当下这步进行"碰撞"，即进行协同、汇总、平衡、取舍。或者说，递归思想自带"对齐"效果。

递推思想与递归思想没有优劣之分，在不同的场景下有各自不可取代的优势。当然，囿于它们各自的限制，它们也都有做不了或不擅长的事。大多数情况下，这两种思想是互补的。

下面，我们来通过一个例子仔细体验一下递推思想与递归思想的不同之处。这个例子很简单：给你一个 int[] 类型的数组，请分别用递推和递归的思想对其进行求和。

我想，大多数人（特别是编程的初学者）都已经很喜欢使用一个循环语句（也就是递推的思想）来解决这个问题了，对于用递归思想解决这个求和问题多少会有点儿吃惊。这一点儿也不奇怪——因为对于很多问题来说，递推与递归思想之于对方都有压倒性优势，以至于在教育和传承的过程当中，我们的老师压根就不再提及另一种方法——这让我们离禅的意境与精神越来越远。而在这本书里，我们得把它找回来。代码如下：

```java
public class Main {
    public static void main(String[] args) {
        int[] arr = {100, 200, 300, 400, 500, 600};
        int sum1 = sum(arr), sum2 = sumToEnd(arr, 0);
        System.out.printf("%d and %d are equal.\n", sum1, sum2);
    }

    // recurrent, 递推的
    public static int sum(int[] arr) {
        var sum = 0;
        for (var n : arr) sum += n;
        return sum;
    }

    // recursive, 递归的
    public static int sumToEnd(int[] arr, int cur) {
        if (cur == arr.length - 1) return arr[cur];
        return arr[cur] + sumToEnd(arr, cur + 1);
    }
}
```

代码很好理解：在递推思想的版本中，一开始我们手里有一个值为 0 的累加器变量 sum，然后，立足于这个变量我们开始迭代数组中的每个元素——每迭代到一个元素，我们就把这个元素的值累加到 sum 这个累加器上，也就是立足于当前已有的 sum 值推导出 sum 的下一个值。而在递归思想的版本中，代码所表达的意思是，某个元素会说："别急，我后面的元素们、它们的和，加上我的值，就是我们的总和了，先等我后面的值们把和求完告诉我，我就可以把我们的总和告诉你了！"

程序的运行结果是在屏幕上打出：

```
2100 and 2100 are equal.
```

对于本书的所有代码，我衷心希望你都能亲自动手编写和调试几遍，直到确保自己对它们毫无疑问为止。另外，对于代码的风格，想必你也发现了，我把只有一行嵌入语句的 for 和 if 语句都压缩在了一行里——这么做是有原因的，首先，这样可以让代码在纵向上变得更短、逻辑密度更大，让你在上下扫视代码的时候读得更快、读进去的信息更多，你必须习惯这样做；其次，这也有效地避免了代码跨页、让阅读产生不便的可能，同时也节省了纸张、更加环保。短小、密度大、环保——这才有禅意。至于工作与面试，这些都是世俗的事情，世俗的事情有世俗的规矩，别人遵守你也要遵守，不然会被同事和面试官怀疑你不会写代码。

说到代码的禅意，"工整"是一种禅意，"犀利"也是。比如，递归思想版的代码也可以写成：

```java
public static int sumToEnd(int[] arr, int cur) {
    if (cur == arr.length) return 0; // 越界代偿
    return arr[cur] + sumToEnd(arr, cur + 1);
}
```

这种写法，尽管只有一个细节上的不同，但它更短小，（我感觉它）也更犀利。这里，它用到了一个"越界代偿"技巧，就是用一个"无害"的值去取代或补偿一个"无意义"（甚至是"有害"）的值。这个技巧在未来我们还会使用多次。

使用递归思想对数组求和还有多种"奇思妙想"，后面的章节会逐一提到。

实现

形而上者谓之道，形而下者谓之器——思想与实现之间就是这种"道"与"器"的关系。一般情况下，应用了递推思想的算法会用递推代码来实现，应用了递归思想的算法会使用递归的代码来实现。但有些情况下，用递归代码实现递推思想，或者反过来，用递推代码来实现递归思想，也有着巨大的价值。先用下面这张表来简要描述一下，然后咱们逐一讨论：

编号	方案	特点
1	用递推代码实现递推思想	中规中矩，使用循环语句，有时候会有队列（queue）参与
2	用递归代码实现递推思想	自顶向下式的递归代码，可使代码得到简化
3	用递归代码实现递归思想	顺理成章，方法调用自己；自底向上，结果对齐
4	用递推代码实现递归思想	使用循环语句加栈（stack）数据结构，避免了调用栈的溢出

接下来，咱们来逐一讨论这四种实现方法，以及它们的特点。

准备一棵树

在讨论递推思想与递归思想的代码实现时，没有什么比"爬树"来得更有意思了！这里的"爬树"指的是当我们手里有一棵二叉树（binary tree）或者多叉树（multi-children tree）的时候，我们对这棵树上的数据进行处理、获取想要的结果的过程。我们想要的结果可能是这棵树上的某个极值（最大值、最小值等），也可能是树上的某个统计值（元素的和、叶子的个数等），还有可能是树的某个特性（树的高度、根到各个叶子的路径等）。今天我们要做的，是找到一棵二叉树上的全部路径和（注：树的路径指从根结点到叶子结点的有序结点集合。自然，路径和就是路径上所有结点 val 值的和）。

想爬树的话，前提是得有一棵树能让我们爬，所以，我们得先准备一棵二叉树。首先你得明白，树（tree）这种数据结构其实是图（graph）这种数据结构的一个"简化版"，所以，所有可以用来创建和表示图的方法都可以用来创建和表示树——但用上 map、二维数组等"重量级"的、复杂的数据结构来实现一棵结构简单的二叉树，未免会给人一种兴师动众、小题大做的感觉。在这里，我们直接定义了树的结点类：

```java
public class Node {
    public int val;
    public Node left;
    public Node right;

    public Node(int val) {
        this.val = val;
    }
}
```

这个类有三个字段（field），分别代表了结点的值、左孩子和右孩子。这个类还有一个构造器，以方便在创建实例的时候直接为 val 字段赋值。

下面问题来了：如果给你一个已经排好序的整数类型数组（比如 int[] arr = {1, 2, 3, 4, 5, 6, 7};），如何能够把它转化成为一棵平衡的（balanced）二叉搜索树（binary search tree, BST）呢？

如果你一时不知道怎么做，或者不打算在进入正题之前就浪费过多精力，没关系，你知道这棵树构建出来后长下面这个样子就可以了，然后就可以直接跳过本节剩下的内容，直接去看下一节：

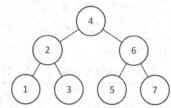

其实很简单！这样写就对了：

```java
public class Main {
    public static void main(String[] args) {
        int[] arr = {1, 2, 3, 4, 5, 6, 7};
        var root = buildTree(arr, 0, arr.length - 1);
    }

    public static Node buildTree(int[] arr, int li, int hi) {
        if (li > hi) return null; // 越界代偿

        var mi = li + (hi - li) / 2;
        var leftSubtreeRoot = buildTree(arr, li, mi - 1);
        var rightSubtreeRoot = buildTree(arr, mi + 1, hi);
        var root = new Node(arr[mi]);
        root.left = leftSubtreeRoot;
        root.right = rightSubtreeRoot;
        return root;
    }
}
```

　　这段代码无论从思想上还是实现上都是利用的标准的"自底向上"式的递归——找到数组某一段上的中点，取中点左边的子段构建左子树，取中点右边的子段构建右子树，等左右两个子树都构建好了，再用中点值构建出根结点、把左右两个子树给它组装上，然后返还当前这棵树的根结点。因为中点左右两边子段的长度相差不会超过 1，所以构建出来的树一定是平衡的。又因为数组是排好序的，所以左子树上的结点一定都比中点值小，而右子树上的结点一定都比中点值大，满足了二叉搜索树的定义。(注：代码中的 li、hi、mi 分别是 low index、high index 和 middle index 的缩写。名正则言顺，言简则意赅。)

　　这段代码之所以略显啰嗦，是因为我刻意要突出"先构建底层子树、再构建上层根结点"这个"自底向上"的顺序。当你理解了这个思想后，稍加变通，这段代码就能得以简化：

```java
public static Node buildTree(int[] arr, int li, int hi) {
    if (li > hi) return null;
    var mi = li + (hi - li) / 2;
    var root = new Node(arr[mi]);
    root.left = buildTree(arr, li, mi - 1);
```

```
        root.right = buildTree(arr, mi + 1, hi);
        return root;
    }
```

注意，尽管在这里我们先创建出了根结点的实例，但这并没有改变"直到两个子树都构建完成，当前这棵树才构建完成"这个事实，所以，它仍然是一个"自底向上"的递归算法。后面的代码中我们将更多地采用这种简化后的形式。

用递推代码实现递推思想

求路径和的时候，当然可以先把路径找出来再求和，但这不是最佳的方法，因为这会消耗很多内存来存储路径。实际上，我们只需要将用于存储路径和的累加器像"接力棒"一样一级一级传递下去，传到路径的尽头时，路径和就找到了。

用递推思想来求树的路径和，基本思路是：根到当前结点父结点的不完全路径和加上当前结点的值就是根到当前结点的路径和，如果当前结点没有子级结点了，那这个路径和就是完整的，否则就把当前的不完全路径和继续向子级结点推进下去。因为二叉树上子级结点有可能是两个，所以，向子级推进的时候有可能产生多个路径和。将这个递推思想用递推式的代码实现出来，就是这样：

```
public static List<Integer> getPathSums(Node root) {
    var sums = new ArrayList<Integer>();
    var sumQ = new LinkedList<Integer>(); // 存储到父级结点的不完全路径和
    var nodeQ = new LinkedList<Node>();
    sumQ.offer(0);
    nodeQ.offer(root);

    while (!nodeQ.isEmpty()) {
        var curNode = nodeQ.poll();
        if (curNode == null) continue;
        var curSum = curNode.val + sumQ.poll();
        if (curNode.left == null && curNode.right == null)
            sums.add(curSum);

        sumQ.offer(curSum);
        nodeQ.offer(curNode.left);
        sumQ.offer(curSum);
        nodeQ.offer(curNode.right);
    }

    return sums;
}
```

在我看来，写代码就像下棋，最终写出来的代码就是棋谱。"复盘"对于学习下棋十分重要，从复盘中，我们可以学习到这一步为什么要这么走而不那么走，如果换另一种走法又会有什么样的效果。学写代码也一样，也需要经常对看到的代码或者自己写的代码进行"复盘"，看看哪里值得学习、哪里暗藏玄机、哪里值得打磨，等等。拿上面这段代码来说，我在写它的时候是做了很多取舍的。比如，我尽可能用 var 关键字来声明变量以精简代码，但在遇到 Queue<Node> nodeQ = new LinkedList<>();这种表达的时候就会损失一些（多态的）清晰性（只能寄期望于读者"他们是深谙多态的"）。再比如，我没有在将结点放入队列前判断它是否为 null，而是利用了 LinkedList<E>允许元素为 null 值的特性，再在将元素取出队列的时候使用 if (curNode == null) continue;加以代偿（注：这种写法既可被视为"犀利"，也可被视为"粗野"——禅也一样，比如"当头棒喝"）。

另外，因为 Java 目前还不支持 tuple 类型，所以在这里我用了两个同步的 Queue<E>，一个用来装当前的结点，另一个用来装当前结点之前的父级不完全路径和。如果非要用一个 Queue<E>而不是两个，那么我们可以声明一个类：

```java
public class Binder {
    public Node curNode;
    public int parentSum;

    public Binder(Node curNode, int parentSum) {
        this.curNode = curNode;
        this.parentSum = parentSum;
    }
}
```

通过这个类，可以完成结点与其父级不完全路径和的一对一绑定。不过，这样做的话，代码就多了些依赖、少了些禅意。或者是，你可以用一个 Map<K,V>来存储这种结点与不完全路径和的绑定，这个代码还是值得一写的，未来很多时候颇为有用：

```java
public static Map<Node, Integer> getPathSums(Node root) {
    var sums = new HashMap<Node, Integer>();
    var nodeQ = new LinkedList<Node>();
    sums.put(root, root.val); // 绑定结点与到当前结点的路径和
    nodeQ.offer(root);

    while (!nodeQ.isEmpty()) {
        var curNode = nodeQ.poll();
        var curSum = sums.get(curNode);

        // 去掉不完全路径和
        if (curNode.left != null || curNode.right != null)
            sums.remove(curNode);

        if (curNode.left != null) {
```

```
            nodeQ.offer(curNode.left);
            sums.put(curNode.left, curSum + curNode.left.val);
        }

        if (curNode.right != null) {
            nodeQ.offer(curNode.right);
            sums.put(curNode.right, curSum + curNode.right.val);
        }
    }

    return sums;
}
```

这样做，一个小的好处是只用到了一个 Queue<E>，而一个大的好处就是你有机会保存根到任意一个结点的完全/不完全路径和。自然，作为取舍，Map<K,V>远比 Queue<E>要厚重和复杂。

如果你修改这段代码、保留不完全路径和，然后如是调用这个方法：

```
public static void main(String[] args) {
    int[] arr = {1, 2, 3, 4, 5, 6, 7};
    var root = buildTree(arr, 0, arr.length - 1);
    var sums = getPathSums(root);
    for (var node : sums.keySet())
        System.out.printf("Root to %d: %d\n", node.val, sums.get(node));
}
```

你会看到这样的输出结果：

```
Root to 3: 9
Root to 1: 7
Root to 2: 6
Root to 4: 4
Root to 6: 10
Root to 5: 15
Root to 7: 17
```

请理解，为了让实现算法的函数看上去更"纯粹"，我会刻意省去一些"工程性"的代码——比如传入值的合法性校验、异常的抛出与捕捉、包的导入等。请在面试与工作中把它们加回去，以免给自己招来不必要的麻烦。很多时候，为了节省篇幅以及减少缩进，我会将在上下文中十分明确的类代码剥去，直接列出其成员函数（即方法）的代码，相信大家具备能让程序运行起来的能力。

用递归代码实现递推思想

只要保留这种"将半成品结果不断向下层层传递"的（递推）思想，就算你使用的是递归式的代码，最终的结果也一定是正确的。比如，我们可以把代码写成这样：

```java
public static void getPathSums(Node node, int parentSum, List<Integer> sums) {
    if (node == null) return;
    var curSum = node.val + parentSum;
    if (node.left == null && node.right == null)
        sums.add(curSum);
    getPathSums(node.left, curSum, sums);  // 将"半成品"结果向左下传递
    getPathSums(node.right, curSum, sums); // 将"半成品"结果向右下传递
}
```

如是调用：

```java
public static void main(String[] args) {
    int[] arr = {1, 2, 3, 4, 5, 6, 7};
    var root = buildTree(arr, 0, arr.length - 1);
    var sums = new ArrayList<Integer>(); // 准备用于收集结果的容器
    getPathSums(root, 0, sums);
    System.out.println(sums);
}
```

则可看到结果：

```
[7, 9, 15, 17]
```

原来 16 行（有效逻辑）的代码，现在就只剩下 6 行了！"向下传递半成品结果"的递推思想并没有变，变的只是完成任务的方法。完成任务的方法本质上是哪里不同呢？这里有个形象的比喻：假设我们需要在一块电路板上焊上 10 块一模一样的芯片（就像内存条那样），电路板的材质限制我们每次只能焊一块芯片上去，然后需要让它冷却一小会儿，才能再焊下一块，这时候我们应该怎么办才能把产能发挥到最大？当然是构建一条加工流水线！而我们有两种构建流水线的方法：

- 第一种，只需要一台焊机，但还需要一条环形的传送带，每焊上一块芯片，就把电路板放在传送带上，等它转一圈儿回来，再焊下一块，直到把 10 块芯片都焊上去。
- 第二种，我们准备 10 台焊机，在每台焊机之间连上传送带，这样，把一块空的线路板放上流水线后，等它从另一头出来的时候，10 块芯片就都焊上了。

程序（或者说算法）本质上就是数据加工的流水线。第一种构建流水线的思路就是用递推代码实现递推思想，第二种则是使用递归式代码实现递推思想（注：函数的每一次调用，都会在调用栈上开辟新的内容，就好像购置了一台新焊机一样）。相比于焊芯片的流水线而言，我们的数据加工流水线要更"灵动"一些：比如，我们的代码不是用长度来判断路径是否到头了，而是通过探测结点的左右两个孩子是不是都为 null 来判断；而且，树上的每个结点都是一个"分叉点"，这时候，路径和的中间结果还会像有"分身术"一样分别向左右两

个孩子结点传递！（注：未来在处理多路树或者图的时候，这个"分身术"的过程将使用一个循环语句、通过迭代子级结点的集合来完成——也就是新手们常说的"递归里套着循环"。可见，递归式代码并不排斥使用循环，是不是递归式代码本质是要看函数有没有直接或间接地调用自己。）

因为我们绘制一棵树的时候往往是根在上、叶在下（呃……我是说数据结构的树，不是路边或森林里的树），所以上面这段代码在传递结果的时候，会让人在脑海里产生一种"自根进、自叶出，呈扇面状自上向下展开"的感觉。所以，这种递归式代码又被称为"自顶向下式的递归"。请注意，"自顶向下的递归"说的是代码，不是思想。

有意思的是，一旦你掌握了这种"自顶向下"的递归代码，在你拿它解决问题的时候，无论要处理的数据结构是一维的、横向书写的，还是像图那样不分上下前后的，你的大脑都会自然而然地找到那种"自顶向下"逐步细化的感觉——我们从来不会说"自前向后"或者"自左向右"的递归。这大概跟我们从接触书写和绘图伊始就习惯了从上到下使用纸张有关。

值得一提的是，"自顶向下"的递归毕竟是在实现递推的思想，所以，在编写递归代码的时候，我们压根就不在乎它的"归"——所以这个函数连返回值都没有。我们只管一路"递"下去，结果从另一头出来就好了。在后面的小节里你会看到，返回值在完整的递归式代码中是至关重要的。

用递归代码实现递归思想

既然"自顶向下"的递归代码仍然是在实现递推的思想，那么真正的递归思想又是什么样子呢？真正的递归思想就体现在这个"归"字上——即在某个递归的层级上等待全部子级别结果产生出来，在这个层级上将所有收集到的子级结果进行"碰撞"（包括取舍、融合等处理），然后再将产生的新结果继续向上传递。对于某一级递归来说，无论其子级有多深，它们汇集上来的结果都会在这一级"对齐"。

如果我们用递归式的代码将这种递归式的思想如实地反映出来，那么将是这样：

```java
public static List<Integer> collectSums(Node node) {
    var sums = new ArrayList<Integer>();
    if (node == null) return sums; // 越界代偿，一个空的 list
    sums.addAll(collectSums(node.left));
    sums.addAll(collectSums(node.right));
    for (int i = 0; i < sums.size(); i++)
        sums.set(i, sums.get(i) + node.val);
    if (sums.isEmpty()) sums.add(node.val); // 左右孩子均为 null
    return sums;
}
```

如代码所示——这次我们倚重的是递归函数的返回值——在任何一级递归调用中，我们都是先将叶子到这一级之前的所有不完全路径和收集上来（无论以当前结点为根的子树的叶子们是多么的深浅不一!），然后逐一将当前结点的值累加上去，然后再把新生成的路径和们返还给调用者（函数之所以会执行，一定是有调用者）。因为这种实现是先收集底层结果再运算当前结果（然后还要向上返还），我们称这种递归式代码为"自底向上"式的递归。

在保持思想和实现不变的前提下，现实工作中我可能会更偏爱这样写，因为它将累加路径和与向列表中添加元素一起完成了，只是它的"自底向上"对于初学者来说有点隐晦罢了：

```java
public static List<Integer> collectSums(Node node) {
    var sums = new ArrayList<Integer>();
    if (node == null) return sums; // 越界代偿，一个空的 list
    for (var sum : collectSums(node.left))
        sums.add(sum + node.val);
    for (var sum : collectSums(node.right))
        sums.add(sum + node.val);
    if (sums.isEmpty()) sums.add(node.val); // 左右孩子均为 null
    return sums;
}
```

"好"的递归与"坏"的递归

观察前面的三种求树上路径和的代码实现，不难发现，递归代码要比递推代码短很多——这也正是为什么很多人推崇在面试或竞赛中使用递归代码来解决问题。但在软件工程当中，比如我现在所在的工作组，就禁止在项目代码中使用递归。为什么？因为递归有一个"先天不足"，那就是稍有不慎就会造成递归调用不能适时停止，从而导致调用栈溢出（call stack overflow）异常。更为严重的是，这个异常是无法被捕捉并处理的，也就是说，一旦出现这个异常，整个程序就会崩溃。在一些关键的地方，程序崩溃所带来的灾难是难以想象的。

如果我们刻意去掉一个递归调用的停止机制，那么就有机会探知运行这个程序的计算机有多深的调用栈（call stack）。比如，在我的个人电脑上运行这段代码：

```java
public class CallStackDepth {
    public static void main(String[] args) {
        goDeeper(2); // main 函数在调用栈上是第 1 层
    }

    public static void goDeeper(int level) {
        // if (level == 10000) return; // 刻意移除停止机制
        System.out.println(level);
        goDeeper(level + 1);
    }
}
```

我会看到输出窗口在出现 20175 之后就是一连串 java.lang.StackOverflowError 异常信息了。即便是加上异常处理机制也没用，由调用栈溢出所导致的程序崩溃仍然还会发生：

```java
public class CallStackDepth {
    public static void main(String[] args) {
        try {
            goDeeper(2); // main 函数在调用栈上是第 1 层
        } catch (Exception ex) {
            System.out.println("stack overflow!");
        }
    }

    public static void goDeeper(int level) {
        // if (level == 10000) return; // 刻意移除停止机制
        System.out.println(level);
        try {
            goDeeper(level + 1);
        } catch (Exception ex) {
            System.out.println("stack overflow!");
        }
    }
}
```

请注意，20175 并不是一个固定的数字，在不同的计算机上、不同的操作系统上，甚至是多次的运行中，这个数值都有可能会变，但变化不会大太。总之，如果一个递归调用不能适时地停下来（一般是因为没有或者逻辑上错过了停止机制），程序一定是会崩溃的。所以我们说，一个过深的递归调用是"坏"的递归。这就是为什么在使用递归代码来解决问题的时候，一定要关注被处理的数据规模和处理的方式，看看会不会是一个过深的递归。

举个例子，回到我们最开始使用递归式代码求数组和的算法，稍微做一点改动，把需要求和的数组从长度为 6 扩展为 25000，并把每个元素都填写成 1：

```java
public class Main {
    public static void main(String[] args) {
        int[] arr = new int[25000]; // 比较大的数据规模
        Arrays.fill(arr, 1);
        int sum1 = sum(arr);
        System.out.println(sum1);
        int sum2 = sumToEnd(arr, 0);
        System.out.println(sum2);
    }

    // recurrent, 递推的
    public static int sum(int[] arr) {
        var sum = 0;
        for (var n : arr) sum += n;
        return sum;
    }
```

```
    // recursive, 递归的
    public static int sumToEnd(int[] arr, int cur) {
        if (cur == arr.length) return 0;
        return arr[cur] + sumToEnd(arr, cur + 1);
    }
}
```

运行这个程序，你会在看到在一个 25000 之后跟着的就是一长串 java.lang. StackOverflowError 信息。这个 25000 是由我们的递推式代码求出的，因为它只是在 main 函数的这层调用栈上进行累加操作，不会导致调用栈出问题。而我们的 sumToEnd 递归程序 这次则成了"麻烦制造者"（trouble maker）——25000 超出了程序在当前这台计算机上运 行时调用栈的最大允许深度，所以，尽管这个函数拥有正确的停止机制，但程序还没来得及 触及这个停止机制就已经崩溃了。

面对这种情况，我们应该怎么办呢？我们有两种办法把"坏"的递归变成好的递归！一 种是工程方面的——利用编译器对"尾递归"优化（tail-call optimization, TCO）；一种是算 法方面的——优化算法、把递归的深度控制在安全的范围内。

咱们先来看第一种方法——尾递归优化。所谓"尾递归"（tail recursion），顾名思义就 是递归调用发生在函数的最后，而且必须是单纯的递归调用，不能再有任何别的运算。像我 们上面的代码 return arr[cur] + sumToEnd(arr, cur + 1);就不是尾递归，因为这最后一句代码 中还包含了除递归调用外的一个加法运算。还有，如果你熟悉 Fibonacci 数列的递归式实现， 那么你也应该会意识到它的最后一句——return fibonacci(n - 1) + fibonacci(n - 2);也不是 尾递归，因为除了递归调用之外，它还包含一个加法运算。

那么，怎样才能写出一个尾递归来呢？就这个计算数组和的例子而言，前面它用的是"自 底向上"的递归实现，如果我们把它改成一个"自顶向下"的递归（实现的是递推的思想）， 那么就能得到一个尾递归了：

```
public class TailRecursion {
    private static int sum; // 外部累加器

    public static void main(String[] args) {
        int[] arr = new int[25000];
        Arrays.fill(arr, 1);
        sumNext(arr, 0);
        System.out.println(sum);
    }

    public static void sumNext(int[] arr, int i) {
        if (i == arr.length) return;
        sum += arr[i];
```

```
        sumNext(arr, i + 1); // 尾递归
    }

    public static int fibonacci(int n) {
        if (n <= 0) return 0;
        return fibonacci(n - 1) + fibonacci(n - 2); // 不是尾递归
    }
}
```

运行这段代码，呃……你仍然会得到一长串 java.lang.StackOverflowError 异常信息！难道是哪里做错了吗？并没有。只是 Java 的编译器目前还不支持对尾递归的优化（即 TCO）。但请注意，虽然 Java 的编译器不支持 TCO，但 Java 的运行时即 Java 虚拟机（Java Virtual Machine，JVM）是支持对尾递归的优化的！并且，同样是运行在 JVM 上的另一门编译语言——Scala，它的编译器就支持识别并优化尾递归。所以，我们把同样的算法逻辑翻译成 Scala 语言的代码：

```
import scala.annotation.tailrec

object Program {
  var sum: Int = 0

  def main(args: Array[String]): Unit = {
    var arr = Array.fill[Int](250000)(1)
    sumNext(arr, 0)
    print(sum)
  }

  @tailrec
  def sumNext(arr: Array[Int], i: Int): Any = {
    if (i == arr.length) return;
    sum += arr(i)
    sumNext(arr, i + 1);
  }

  def fibonacci(n: Int): Int = {
    if (n <= 0) return 0
    return fibonacci(n - 1) + fibonacci(n - 2)
  }
}
```

运行代码，就能看到 250000 这个输出。注意，是 250000，比在 Java 中还多了个 0 呢！Scala 代码中的@tailrec 并不起优化作用，它的作用只是帮我们校验一下一个递归函数是不是符合尾递归的要求。如果你尝试把@tailrec 加到 fibonacci 函数上，编译器就会报错。当你编写 Scala 代码的时候，只要你的函数是一个尾递归函数，那么 Scala 编译器就会自动为

你优化它。至于尾递归是怎么被优化的，这是一个高级话题，超出了本书的讨论范围。不过，尾递归经过优化后的效果就是——它不再像普通递归函数那样会不断消耗调用栈，所以，也不再会出现调用栈溢出的异常。希望 Java（和其他几门常用的编程语言）早日实现对尾递归的内建支持。

既然 Java 尚不支持对尾递归的优化，那我们就只能通过调整算法来把"坏"递归转变成"好"递归了。说来也简单，同样是对一个整数类型数组求和、同样是"自底向上"的递归实现（实现的是递归思想），下面两个版本的代码就不会产生调用栈溢出。

版本一：这个版本的思想是——数组任意子段的和，是这个子段的左半部分的和与右半部分的和之和。递归的停止条件则是由 li 和 hi 所界定的子段长度为 1，此时 li == hi。

```java
public static int sum(int[] arr, int li, int hi) {
    if (li == hi) return arr[li];
    int mi = li + (hi - li) / 2;
    return sum(arr, li, mi) + sum(arr, mi + 1, hi);
}
```

版本二：这个版本的思想是——我先取数组子段的中点的元素，然后再加上中点左右两边的和。递归的停止条件是需要被求和的子段长度为 0，此时 li > hi（即二者交错）。

```java
public static int sum(int[] arr, int li, int hi) {
    if (li > hi) return 0; // 越界代偿
    int mi = li + (hi - li) / 2;
    return arr[mi] + sum(arr, li, mi - 1) + sum(arr, mi + 1, hi);
}
```

这两个版本的递归之所以不会产生调用栈溢出，是因为它们的递归深度实在是太浅，远远达不到使调用栈溢出的量级。它们所用到的，是一个算法设计当中十分重要的思想——二分法，即针对数据，每次都处理它的一半，然后逐步递归。未来我们要学习的"分治法"（divide and conquer, D&C）就是构建在"二分法"的基础之上的——先"分"后"治"（处理）嘛。使用了"二分法"的递归代码为什么递归深度浅？因为就算再大的数据规模，你每层都给它除以个 2，除不了几次也就到 0 了。换句话说就是，应用了"二分法"的递归，当处理规模为 n 的数组时，其递归深度为 lg(n)。反过来说，如果想要让一个"二分法"递归函数在我这台个人计算机上达到栈溢出的调用深度，那数据的规模至少要达到 2^20000（2 的 20000 次方）——这比整个宇宙的原子数量都大！

用递推代码实现递归思想

"所有的递归代码都可以改写成递推代码"——这是一个真命题。道理很简单，因为我们可以用一个栈（stack）数据结构来模拟函数的调用栈（call stack）。在某些极端情况下，这种模拟十分有用。比如：某个问题一定要用"自底向上"的思想才能解答（或者是在思想上顺理成章、能被后来的人理解），但由于子问题的深度过大、超出了调用栈的承受能力，此时我们就只能用栈数据结构来模拟调用栈——用递推代码来实现递归思想了。

　　我建议你在心情好或者精力充沛的时候再来读这一节，因为这一节的代码比前面三四节的加起来还多，而且对代码理解能力和编程能力有一定的挑战。加之，这节的内容本来就是在处理一些极端情况。如果你没有充足的精力和体力来翻越这座小山，那么你很可能会感觉心浮气躁、认为本节内容毫无意义甚至废话连篇。

　　首先让我们来构建一个"非这样解不可"的问题：一棵高度超过 25000 的二叉树，并且只能用"自底向上"的递归思想来求解它的路径和。下面这段代码可以帮助我们构建一棵高度为 40001 的二叉树。当然，它肯定不是一棵完全二叉树。相反，这棵树稀疏得很——看起来像是一个"众"字（致英文版译者：英文版里我会把这棵树改成"人"字形，以便你翻译它为"A 字形"或者"埃菲尔铁塔"形。）

```java
public class TreePathSum {
    public static void main(String[] args) {
        // 构建"众"字形树，debug 的时候可以先改成 2
        var root = buildTree(20000);
    }

    public static Node addChild(Node node, int val, boolean toLeft) {
        var child = new Node(val);
        return toLeft ? (node.left = child) : (node.right = child);
    }

    public static Node buildTree(int n) {
        Node root = new Node(1), p = root, q = root;
        for (int i = 1; i <= n; i++) { // 构建上部的"人"字
            p = addChild(p, 1, true);
            q = addChild(q, 1, false);
        }

        Node pp = p, qq = q;
        for (int i = 1; i <= n; i++) { // 构建底部的两个"人"字
            p = addChild(p, 1, true);
            pp = addChild(pp, 1, false);
            q = addChild(q, 1, false);
            qq = addChild(qq, 1, true);
        }

        return root;
    }
}
```

之后，为了模拟函数调用栈上的"栈帧"（stack frame），我们需要创建下面这个 Frame

类。函数调用的时候，每层调用都会在调用栈上产生一"帧"数据，这帧数据其实也没有什么神秘的，就是由函数的参数和函数的局部变量组成的。我们连栈帧一起模拟的好处就是避免了使用一大堆 Map<K,V> 实例去进行各变量间的协同。

```java
public class Frame {
    public Node node;
    public int count;
    public List<Integer> sums;

    public Frame(Node node) {
        this.node = node;
        sums = new ArrayList<>();
    }
}
```

之后就是我们这节的核心代码了——通过使用栈数据结构模拟函数调用栈来把递归代码"硬"转成递推代码（注意："自底向上"的递归思想并没有变）：

```java
public static List<Integer> getPathSums(Node root) {
    var stack = new Stack<Frame>();
    var primer = new Frame(root);
    stack.push(primer);
    while (true) {
        var top = stack.peek();
        if (top.node == null) {
            stack.pop(); // 越界代偿
            stack.peek().count++;
        } else if (top.count == 0) {
            stack.push(new Frame(top.node.left));
        } else if (top.count == 1) {
            stack.push(new Frame(top.node.right));
        } else if (top.count == 2) { // 这里的 if 可省
            var popped = stack.pop();
            if (popped.sums.isEmpty()) // 叶子
                popped.sums.add(popped.node.val);
            if (stack.isEmpty()) break;
            top = stack.peek();
            for (var sum : popped.sums)
                top.sums.add(sum + top.node.val);
            top.count++;
        }
    }

    return primer.sums;
}
```

对于这段代码，我不想做过多解释，因为它的自描述性已经相当好了（况且我也没见过哪个禅宗师父像郭德纲一样把整个《六祖坛经》或者《传灯录》给你叨叨一遍）。这段代码的"点睛之笔"是 count 这个计数器。这个计数器的取值范围是 0、1 和 2：

- 当 count 为 0，说明这一帧里所包含的结点还未被处理，这时候要去处理它的左子树。
- 当 count 为 1，说明栈帧里结点的左子树上"自底向上"的不完全路径和已经收集上来了，这时候要去处理它的右子树。
- 当 count 为 2，说明栈帧里结点的右子树上"自底向上"的不完全路径和已经收集上来了，此时这一帧就算处理完了，需要从栈上弹出去了。当栈弹空的时候，整棵树就处理完了。

如是运行代码：

```
public static void main(String[] args) {
    // 构建"众"字形树，debug 的时候可以先改成 2
    var root = buildTree(20000);
    var sums = getPathSums(root);
    System.out.println(sums);
}
```

可以得到输出结果：

```
[40001, 40001, 40001, 40001]
```

怎么说呢！我研究这段代码时的心境，就像开车在城市的大街小巷中穿行一样轻松愉悦——并不是因为有什么目的才去，而是把探索做在平时，以免关键时刻要去的地方明明就在隔壁却生生绕了个大远。

留个作业吧：现在我们已经知道，所有的递归代码都是可以通过用栈数据结构模拟函数调用栈的方式来转换成递推代码的，那么，你能用这种方式把"自顶向下"式的递归代码转换为递推代码吗（尽管我们已经有了使用 Queue<E> 加循环语句的递推代码）？

思考题

问题 1：给你一个整数 n，如果 n 是奇数，就进行运算 n = n * 3 + 1，如果 n 是偶数，就进行运算 n = n / 2，直到 n 等于 1 为止，请计数一共进行了多少次运算（注：请用四种编码方式实现，并评判四种方法的优缺点）。

问题 2：基于上面的问题，如果让你找出从 1 到 10000 中哪个数字所需要的运算次数最多，应该如何编写代码（注：特别要注意如何避免重复运算）？

CHAP01

02

回溯：上古神话中的算法

　　这一章里，咱们不谈思想只谈实现，而且只谈递归代码的一种实现方式——回溯（backtracking）。在上一章里，咱们详细讨论"自顶向下"和"自底向上"的递归用法，回溯可以算得上是递归的第三种重要用法。回溯式递归的要义就在于在它的函数体里一定有一对儿"修改—恢复"操作——进入函数的时候执行对数据的修改操作，退出函数的时候则执行对数据的恢复操作——这样当一次调用完成之后，数据与其初始状态一致。

回溯式递归的基本原理

　　在保证不溢出的前提下，在一个累加器上进行加 1、加 2、加 3……直到加 100，再减100、减 99、减 98……直到减 1，累加器就会回到其初始值。同理，向一个栈（stack）中连续进行 n 次 push 操作，再连续进行 n 次 pop 操作，这个栈也会回到操作前的状态。所以，一个很浅显的道理就是：对一个数据进行 n 次修改操作（A1…An），然后再对这个数据按逆序执行每个修改操作的逆操作（~An…~A1），则被操作的数据就会回到未操作之前的初始状态。

　　如果我们这样设计一个递归函数：进入函数的时候对状态数据（本例中的 stack）进行修改，然后进行递归调用，再在退出函数之前对状态数据进行恢复，那么，对状态数据的操作就正好符合我们前面的描述，递归函数调用完成后，状态数据就会回到函数调用前的状态。道理很简单，只要函数能正常返回，那么对状态数据的"修改—恢复"操作就一定是成对且逆序的——这就是回溯式递归的基本原理。这个被操作的数据可以是函数之外的外部数据（比如一个字段），也可以是一个通过参数进行传递的对象。

示例 1

让我们来看这组代码：

```java
public class Main {
    public static void main(String[] args) {
        var stack = new Stack<Integer>();
        System.out.printf("Stack size: %d\n", stack.size());
        System.out.println("============");
        action(98, 100, stack);
        System.out.println("============");
        System.out.printf("Stack size: %d\n", stack.size());
    }

    public static void action(int n, int max, Stack<Integer> stack) {
        stack.push(n); // 修改
        System.out.printf("Pushed\t%d\n", n);
        if (n < max) action(n + 1, max, stack); // 有条件递归（且返回）
        stack.pop(); // 恢复
        System.out.printf("Popped\t%d\n", n);
    }
}
```

运行之，可以在输出窗口看到：

```
Stack size: 0
============
Pushed    98
Pushed    99
Pushed    100
Popped    100
Popped    99
Popped    98
============
Stack size: 0
```

对于这段代码，我们需要关注这样几点：

（1）用于记录状态的数据是一个 Stack<E> 实例，这个实例是通过参数来进行传递的。

（2）函数调用前和调用后，Stack<E> 实例的状态一致，都是空的。

（3）push 与 pop 这对儿"修改—恢复"操作的确是成对儿且逆序执行的。

（4）递归函数的内部结构是：修改->（有条件的）递归调用且返回->恢复。

（5）递归调用是有条件的、可能不会执行的，但修改与恢复是一定会对称执行的。

如果使用"防御式编程"（defensive programming）的理念来改动一下代码，那么 action 函数还可以写成这样：

```
public static void action(int n, int max, Stack<Integer> stack) {
    if (n > max) return; // 防御（递归终止条件）
    stack.push(n); // 修改
    System.out.printf("Pushed\t%d\n", n);
    action(n + 1, max, stack); // 无条件递归（且返回）
    stack.pop(); // 恢复
    System.out.printf("Popped\t%d\n", n);
}
```

调用函数，输出结果不变。这样写的好处是"修改—递归—恢复"这段夹心饼干一样的代码会比较干练、简短。但我们也牺牲了那么一点逻辑的清晰性（允许"不合时宜"的数据进入下一层，但什么也不做、马上返回）和代码的对称之美。这两种写法在不同的上下文中各有各的好处，不拘一格。

示例 2

在这个例子中，我们的状态数据变成了一个 boolean[][]类型的二维数组，且用于在递归层级前传递这个状态数据的变量也由函数的参数变成了一个独立于函数之外的字段：

```
public class Main {
    private static boolean[][] visited;

    public static void main(String[] args) {
        visited = new boolean[2][3]; // 2 行 3 列
        System.out.printf("Visited: %d\n", count(visited));
        System.out.println("============");
        visit(0);
        System.out.println("============");
        System.out.printf("Visited: %d\n", count(visited));
    }

    public static void visit(int n) {
        int h = visited.length, w = visited[0].length;
        if (n == h * w) return; // 防御

        int r = n / w, c = n % w;
        visited[r][c] = true; // 修改
        System.out.printf("Visited (%d,%d)\n", r, c);
        visit(n + 1); // 递归
        visited[r][c] = false; // 恢复
        System.out.printf("Erased  (%d,%d)\n", r, c);
    }

    public static int count(boolean[][] m) {
        var count = 0;
        for (var r = 0; r < m.length; r++)
```

```
            for (var c = 0; c < m[0].length; c++)
                if (m[r][c]) count++;
        return count;
    }
}
```

　　这段代码的逻辑是：逐行扫描二维数组中的每个元素，扫描到了就把它标记为 true（即已被访问），待到退出函数的时候再把这层调用访问过的那个元素恢复为 false（即未被访问状态）。未来，像这样使用一个 boolean[][] 类型外部变量来记录数据访问状态的逻辑会经常被用到。

　　运行代码，我们可以看到如下输出。你会看到，boolean[][] 实例在函数调用前后的状态是一样的：

```
Visited: 0
============
Visited (0,0)
Visited (0,1)
Visited (0,2)
Visited (1,0)
Visited (1,1)
Visited (1,2)
Erased (1,2)
Erased (1,1)
Erased (1,0)
Erased (0,2)
Erased (0,1)
Erased (0,0)
============
Visited: 0
```

神话故事中的算法

　　前一节里我们学到的仅仅是回溯式递归调用的基础，尚不是用完整的回溯式递归来解决实际问题。那么什么是完整的回溯式递归？回溯式递归又能用来解决什么样的实际问题呢？这就要从一个上古神话开始说起了。

　　传说雅典曾有一位英勇的国王名为忒修斯（Theseus），又译作特修斯、提修斯等。在他的诸多英雄事迹中有一则名为《米诺斯迷宫之战》，大意是说：克里特岛的国王米诺斯在战争中打败过雅典。作为战败国，雅典被要求按周期献祭少男少女给一个叫米诺陶洛斯的怪物吃掉（看来无论东方还是西方的妖怪都喜欢吃童男童女！）。轮到第三次献祭时，忒修斯自告奋勇要去杀死那个怪物。但这绝不是件容易的事情，因为这头怪物被关在一个复杂的迷宫深处。有多复杂呢？据说进得去就出不来。有意思的是，刚登陆克里特，米诺斯的女儿阿里阿德涅（Ariadne）就爱上了忒修斯，并且上演了一场花式坑爹大戏——在进入迷宫之前，阿里阿德涅给了忒修斯一个线团和一把利剑，据说这个线团和这把利剑都是有魔力的——线团中的线永远没有尽头而利剑能对怪物一击必杀。借由这个线团，忒修斯在迷宫中找到了怪物，然后用利剑斩杀了它，并且沿着丝线往回走（backtracking），领着被献祭的雅典人逃离了迷宫。（注：其实这个故事还有很多"支线剧情"，十分精彩，很多典故都与其相关。）

看！在这个故事中，神话英雄就使用回溯的思想解决了迷宫路径问题。作为智力资产，从这个故事中也诞生了"阿里阿德涅之线"（Ariadne's thread）这样的逻辑学、哲学成语。有意思的是，尽管几千年前还没有计算机这种事物，但"阿里阿德涅之线"（还有她的剑）就已经揭示了写好一个回溯递归的两个要点：一，函数调用栈不能溢出，故事中为了防止调用栈溢出，直接让调用栈的耐受深度无穷大了（线团里的线永无尽头）；二，处理数据的时候要保证函数能顺利结束、退出，这就要求你妥善处理所有可能的异常，故事中干脆告诉你——不会出异常（利剑能对怪物一击必杀）。所以，哲学不愧是哲学！作为数理逻辑的一种，算法不但可以在不同的编程语言之间通用，甚至在不同学科、不同领域、不同文化中都是通用的。

下面，咱们就来看看如何使用回溯式递归来编写寻找迷宫路径的代码。

迷宫设计入门

在寻找迷宫的路径之前，我们先来扮演一下迷宫的设计师，设计一个可以用来探寻的迷宫。

假设迷宫的道路上都标记着前进方向的箭头，那么，按路径的复杂程度，迷宫的探索难度大致可以分为四级：

- 0 级难度：路径根本没有分支，一头进、另一头出。
- 1 级难度：路径有分支，但在分支之后不会再交叉。
- 2 级难度：路径有分支，分支会交叉，但不会有环路。
- 3 级难度：路径有分支，分支会交叉，路径上还有环路。

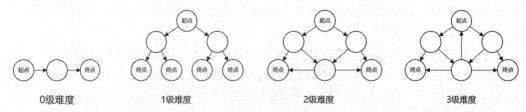

| 0级难度 | 1级难度 | 2级难度 | 3级难度 |

你可能会问，那如果我把路上的方向箭头擦掉，岂不是又增加了一个难度等级？其实，

把方向箭头擦掉就是将两个路口间的单向路改成可以互通的双向路，相当于这两个路口间实际上是有两条方向相反、直接构成环路的通路。也就是说，它仍然属于第 3 级难度。

如果用数据结构来表示这四个等级的迷宫，那么：

● 0 级难度的路径相当于一个链表（linked list）。

● 1 级难度的路径相当于一棵树（tree），二叉的或者多叉的。

● 2 级难度的路径是一种相当重要的图，称为有向无环图（Directed Acyclic Graph，DAG）。

● 3 级难度的路径则是有环图或者无向图。前面解释过，无向图天生带环路，所以"有环"和"无向"两个词不必同时用。

正好我们手头有一棵在第 01 章里构建出来的二叉树，在这里，我们就继续使用它、把它当作迷宫里的道路。（注：不用第 2、3 级难度的迷宫有三个原因：一是不想用太复杂、太长的代码劝退大家；二是不想让与图相关的算法喧宾夺主，毕竟我们的重点是学习回溯式递归；三是与图相关的算法会在后面的章节集中详细讨论。）

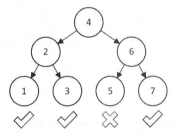

我们知道，有的时候迷宫里会有一些"死路"（dead end），所以，为了增加代码的趣味性，我们规定只有 val 的值是 21 的约数的叶子结点才是迷宫的出口。

探寻迷宫中的路径

探索迷宫，有的时候是问我们"从 A 点能不能走到 B 点"，这类问题叫"连通性问题"，解答这类问题的时候，只要找到任意一条 A、B 两点间的路径就可以了；有的时候则是希望我们找出所有的路径来；还有的时候是让我们找出一条"极端路径"来，比如最短的路径、最长的路径、从 A 点到 B 点开销最小/最大的路径等。我们现在要做的，就是找出这个迷宫所有从入口（根结点）到出口（val 的值是 21 的约数的叶子）的路径来。

代码应该怎么写呢？就算不应用回溯的思想，前一章里的知识也足以帮我们找出这些路径来——只需把求路径和的代码稍加改动，将递推和递归时所传递的 int 类型的路径和改成由 ArrayList<Node> 类型实例表达的路径就可以了。四种实现中，代码最简洁的莫过于"自顶向下"的递归了。代码如下：

```
public static void findPaths(Node node, List<Node> path, List<List<Node>> paths) {
    path.add(node);
```

```
        if (node.left == null && node.left == null && 21 % node.val == 0)
            paths.add(path);
        if (node.left != null)
            findPaths(node.left, new ArrayList<>(path), paths); // 开销！
        if (node.right != null)
            findPaths(node.right, new ArrayList<>(path), paths); // 开销！
    }
```

如是调用代码：

```
public static void main(String[] args) {
    int[] arr = {1, 2, 3, 4, 5, 6, 7};
    var root = buildTree(arr, 0, arr.length - 1); // 代码见第 01 章
    var paths = new ArrayList<List<Node>>(); // 结果收集器
    findPaths(root, new ArrayList<>(), paths);
    for (var path : paths) {
        var vals = path.stream().map(n -> n.val).collect(Collectors.toList());
        System.out.println(vals);
    }
}
```

可以得到输出（三条路径上结点的 val 值，由 Java 的 stream 操作获得）：

```
[4, 2, 1]
[4, 2, 3]
[4, 6, 7]
```

这个算法虽然能得到正确的答案，但它有一个比较大的局限，那就是在向下一层推进的时候，必须将本层的不完全路径"克隆"出来两份、分别向左右两个孩子传递。这样做有什么问题？一，"克隆"对象是个既耗CPU运算又耗内存空间的操作，这个算法相当于在每个结点处都保留着一个从根到它的不完全路径，这是多大的内存开销！二，当我们在树上寻找路径时，尚不用担心结点的重复访问问题，但如果是在有环的数据结构上寻找路径，那么，除了要"克隆"不完全路径外，还要"克隆"伴随这条不完全路径的访问记录（比如一个HashSet<Node>），以避免结点的重复访问——这时，不但内存开销会更加巨大，连代码也会变得很繁琐。（注：尽管Java的LinkedHashSet<E>类可以帮我们缓解代码繁琐的问题，但它仍然无法解决内存开销巨大的问题。）

其余的三种实现会不会好一些？答案是：不会。因为无论是从根向叶子递推还是从叶子向根递归，我们都不可避免地产生很多中间结果、浪费不小的 CPU 和内存资源。

下面，让我们来看看应用了回溯原理的递归实现：

```
public static void findPaths(Node node, Stack<Node> path, List<List<Node>> paths) {
    path.push(node); // 修改

    if (node.left == null && node.left == null && 21 % node.val == 0)
        paths.add(new ArrayList<>(path)); // 仅在得到结果时创建新对象
```

```
    if (node.left != null) // 有条件递归
        findPaths(node.left, path, paths);
    if (node.right != null) // 有条件递归
        findPaths(node.right, path, paths);
    path.pop(); // 恢复
}
```

这次，一个 Stack<Node>类型的实例通过参数贯穿了递归调用的始终，就像忒修斯手中的线团。而且，只有找到一个路径的时候，我们才会为保存最终结果而创建一个 ArrayList<Node>实例——我们只是在不停地复用(reuse)受到回溯原理保护的状态数据(那个 stack 实例)。在代码中，我们可以清晰地看到"修改->递归->恢复"的"夹心饼干"结构。就算中间夹了两次递归调用也没有关系！因为我们知道，回溯递归调用退出后，状态数据一定会恢复到初始值。

新手常见的一个错误是在找到路径后就立刻 return：

```
public static void findPaths(Node node, Stack<Node> path, List<List<Node>> paths) {
    path.push(node);
    if (node.left == null && node.left == null && 21 % node.val == 0) {
        paths.add(new ArrayList<>(path));
        return; // 错误!!
    }
    if (node.left != null)
        findPaths(node.left, path, paths);
    if (node.right != null)
        findPaths(node.right, path, paths);
    path.pop();
}
```

注意！任何夹在"修改"与"恢复"操作之间的跳转语句（包括 return、throw、goto 等）都会造成"修改"与"恢复"的不对称，从而打破回溯对状态数据的维护。

如果引入防御式编程，那么这段回溯代码会更加清晰：

```
public static void findPaths(Node node, Stack<Node> path, List<List<Node>> paths) {
    if (node == null) return; // 防御
    path.push(node); // 修改
    if (node.left == null && node.left == null && 21 % node.val == 0)
        paths.add(new ArrayList<>(path));
    findPaths(node.left, path, paths); // 递归
    findPaths(node.right, path, paths); // 递归
    path.pop(); // 恢复
}
```

用递推（循环）代码实现回溯

从思想上来看，回溯更贴近于递推——只不过推进到尽头之后还可以"原路返回"（backtrack）到某个分叉点、向另一个没有探索过的方向再推一遍。不过，我们现在要做的不是用递推式代码（未来你会看到，其实是"广度优先"代码）来解决这个迷宫路径问题，而是单纯地用栈数据结构来模拟回溯递归的调用栈、解决回溯递归不能处理大规模数据的问题。

这一次，我们没有创建用于模拟调用栈帧的 Frame 类，而是单纯地使用一个 Map<Node, Integer>来计数一个子树根结点的两个孩子是不是都处理过了。有意思的是，用于模拟递归调用栈的栈数据结构本身就是我们想要的路径：

```java
public static List<List<Node>> findPaths(Node root) {
    var paths = new ArrayList<List<Node>>();
    var count = new HashMap<Node, Integer>();
    var path = new Stack<Node>();
    count.put(root, 0);
    path.push(root);
    while (true) {
        var top = path.peek(); // 获得子树根结点
        if (count.get(top) == 0) { // 处理左孩子
            if (top.left == null) {
                count.put(top, 1);
            } else {
                path.push(top.left);
                count.put(top.left, 0);
            }
        } else if (count.get(top) == 1) { // 处理右孩子
            if (top.right == null) {
                count.put(top, 2);
            } else {
                path.push(top.right);
                count.put(top.right, 0);
            }
        } else if (count.get(top) == 2) { // 两个孩子都处理过了，处理子树根结点
            if (top.left == null && top.right == null && 21 % top.val == 0)
                paths.add(new ArrayList<>(path));
            path.pop();
            if (path.isEmpty()) break;
            top = path.peek();
            count.put(top, count.get(top) + 1); // 让计数器加1
        }
    }
}
```

```
        return paths;
    }
```

思考题

学会了如此精巧的回溯算法，你不打算拿来小试牛刀吗？让我们来看这样一个问题：用一个 h 行 w 列的 int[][] 类型二维数组实例（由变量 maze 引用，并以逐行扫描的方式初始化为从 0 到 h×w-1）表示一个迷宫。左上角的 maze[0][0] 是迷宫的入口，右下角的 maze[h-1][w-1] 是迷宫的出口。那么，问题来了：

（1）如果规定每次只能向右或者向下移动一步，你能否用回溯法找出迷宫的所有路径？

（2）如果把 maze 中的一些值替换成-1 表示墙壁，应该如何修改代码使其继续可以工作？

（3）假设你的计算机最大支持 20000 层的调用栈，那么 h 与 w 的取值范围是多少？

（4）如果向上、下、左、右都可以移动呢？（提示：使用一个相同尺寸的 boolean[][] 在回溯中记录访问状态）。此时 h 与 w 的取值范围是多少？此时如果 h 和 w 的值超出了取值范围，我们应该怎么办？

03

动态规划：动机决定性质

动态规划（dynamic programming, DP）是一种思想，这种思想能帮助我们透过元素间的关系在一组数据中找到某个极值（也叫"最优解"）。思想，或者说方法论，了解得越早越好。一来可以及早开始思考之，有充足的时间来理解它、消化它，二来后面要学习的内容有些就是构建在其之上的，与其到时候再学、搞得手足无措，不如趁早掌握。

很多书把动态规划放在很靠后才讲，大致原因有三个：一，认为它是"高级算法"，需要先打好初级算法的基础才学得来；二，认为它比较难理解、比较难掌握，放在前面怕劝退学生；三，认为学习图（graph）算法之前并不需要急着学动态规划，因为基本上用不到。在我看来，这三条理由都不成立，甚至是本末倒置。首先，动态规划作为一种解决问题的思想，不但不以其他算法为基础，反而是其他算法的基础。是基础就要先学，手里多几件工具总是好的。更重要的是，在未来解问题的时候，你不但有机会了解一个问题能不能用动态规划来求解，还有机会甄别出哪些问题不能用动态规划来求解。其次，动态规划根本不难，它只是一种让子问题的解不断"碰撞"、在取舍中逐步求出最优解的过程。这个让子问题的解不断碰撞、竞争的过程，既可以用递推的方式来实现，又可以用递归的方式来实现。

几乎每本讲算法的书都会提及动态规划，但水平却良莠不齐。我认为讲得最好的是由Kenneth H. Rosen 所著的《离散数学及其应用》（第 7 版，有中文版）——尽管只是用一小节轻轻带过。真理，往往不需要长篇大论。反而是有些长篇大论，要么把动态规划讲得如雾里看花、朦朦胧胧，要么把动态规划说成包罗万象、无所不能。雾里看花的，似乎讲述者自己都没太厘清一种思想与其实现（是选择递推还是递归）之间的关系。比如，有人会拿动态规划与"分治算法"进行比较，无形中暗示了动态规划是一种递归思想；有人甚至干脆将动态规划与递归编程画等号，以有没有用递归、用递归的时候有没有缓存子问题的结果来界定是不是动态规划——舍本而逐末，让人十分错愕！要知道，动态规划思想（或者说算法）的创立者本意是使用一种递推的思想来求最优解。包罗万象的，有多种可能：比如把带有部分动态规划编码特点的问题也归为动态规划（泛动态规划类问题）；再比如，一个问题有动态规划和非动态规划的多种解法，结果那些非动态规划的解法也被讹传为动态规划，令人颇为费解……总之，动态规划本身并不难，只是纷繁芜杂、真伪莫辨的信息为我们带来了些许困扰，让它感觉上有点儿难而已。

在这一章里，让我们从动态规划的原始意图和定义开始，抽丝剥茧、用若干经典问题细细研究它的思考方式与编程实现。同时我还附上了几个常见的"假动态规划"的问题，供大家分辨真伪、加深理解和记忆。

什么是动态规划

如果不了解它的起源，那么"动态规划"（Dynamic Programming）这个名字会让人十分疑惑不解——怎么算"动态"？Programming 不是编程吗？怎么成了"规划"？有没有"静态规划"？……

首先，可以确定的一点是，program 这个词的确有"计划"、"规划"的意思，对应的是 plan 这个词。所以，programming 等同于 planning，即"做计划"、"做规划"的意思。只是 programming 这个词更正式一些，同时还暗含了"过程编排"的意思。所以，中文译为"动态规划"是没问题的。

那么，英文的 Dynamic Programming 又是怎么来的呢？这个不用猜，故事是这样的——它的创始人 Richard Bellman（没错，就是 Bellman-Ford 最短路径算法里的那个 Bellman）是一位数学家，一九五几年的时候，他在兰德公司（RAND，美国著名的情报与分析公司）工作，并且正在参与美国军方的一个项目。据说当时美国国防部对把钱投在数学研究上比较反感，所以，为了顺利拿到科研经费，Bellman 决定给他的研究取一个与数学无关、而与调度和规划相关的名字。同时，他还在"规划"这个名词前面加上了一个"绝对不可能有贬义"的形容词——动态。于是，"动态规划"这个名字就诞生了。所以，不要试图对"动态"这个词刨根问底，因为它本来就是忽悠人的！

那么，动态规划到底是用来解决什么样的问题、又是怎么解决的呢？动态规划所解决的是在众多的可能性中，按规定的价值取向，选出最佳方案的问题。解决办法是，将最终的"大问题"化整为零，先解决小问题、让每个小问题都先获得最佳方案，然后基于这些小问题的最佳方案"自底向上"地构建出最终问题的最佳方案。当然了，在构建的过程中，会对小问题的最佳方案们（按规定的价值取向）进行平衡和取舍。使用动态规划的好处就是可以及早地舍弃一些肯定不够优化的小问题的方案、不让它们进入到后面的方案组合中去——这就比"穷举法"（尝试每个可能方案的组合）要快多了。

CHAP03

举个例子。比如，你是一艘集装箱货轮的船主，在出海之前，你当然希望自己的集装箱里装得满满的，好让这趟出海利益最大化。假设一个集装箱的容积是 1000m³，你有 A～Z 共 26 种货物可以选择，这些货物每立方米的重量、利润都不相同，有些货物海关会限制最大出口量，还有些货物不能同时装在一起，别忘了你还要考虑船的载重和油耗……请问应该如何搭配这些货物才能获得最大收益？这就是一个典型的动态规划的问题，也叫"背包问题"（knapsack problem）——出海前装填集装箱和你出去野营前装填背包道理是一样的。

在本章接下来的内容里，咱们就来一起领略动态规划的精彩之处，并且看看它与哪些算法是相通的。

透彻理解动态规划

本节，让我们以一个经典的"换硬币"问题为切入点，来深入透彻地理解动态规划这种思想。问题是这样的：假设有 2 分、3 分、5 分三种硬币，现在让你用它们凑齐 21 分，请问最少可以用多少枚硬币？倘若你拿这个问题问一个小孩子，他/她的第一反应肯定是"拿 5 分去换"，结果很快发现，在用 4 个 5 分硬币凑出 20 分后，最后的 1 分凑不出来了。也就是说，简单（朴素）的"贪心算法"（greedy algorithm）在这个问题上不总是有效（如果是兑换 5 的倍数，那简单的贪心算法也是有效的）。如果他/她说"换不了"，你肯定能举出很多反例来，告诉他/她是可以兑换的，只是不知道哪个方案用的硬币最少。当然了，换硬币这种事也是不能凑合的——不能说我想换 21 分，你给我 4 个 5 分，让我亏 1 分。

对于求解这个问题，稍微学过一点编程的人都知道可以用"穷举法"：

```java
public class Main {
    public static void main(String[] args) {
        var minCount = change(21);
        System.out.println(minCount);
    }

    public static int change(int n) {
        int minCount = -1, time = 0;
        for (var c5 = 0; c5 <= n / 5; c5++) {
            for (var c3 = 0; c3 <= n / 3; c3++) {
                for (var c2 = 0; c2 <= n / 2; c2++) {
                    time++;
                    if (c5 * 5 + c3 * 3 + c2 * 2 == n) {
                        var count = c5 + c3 + c2;
                        if (minCount == -1 || minCount > count) {
                            minCount = count;
                        }
```

```
                    }
                }
            }
        }

        System.out.printf("Total tested: %d\n", time);
        return minCount;
    }
}
```

但"穷举法"有两个很大的局限：

（1）它尝试所有可能的组合，所以效率太低。运行这段程序，仅兑换 21 分就需要尝试
440 次之多（你可以试试 21000）。

（2）它非常死板，只能针对已知硬币种类和种类的个数——无论是改变硬币的种类（比
如 5 分改 7 分）还是增减种类的个数（比如改成 4 种或者 2 种硬币），都会导致
程序重写。新手可能会问："重写就重写呗！有什么大不了的？"可对于产品环境
中的程序来说，程序重写就意味着程序的重新编译、测试、部署和分发……如果
硬币的组合方式很多，又经常变动呢？

递推版动态规划

问你一个问题：如果现在让你换 6 分钱，你会选择用两个 3 分硬币还是三个 2 分硬币呢？
答案是显而易见的：根据我们"使用最少的硬币个数"的价值取向，我们应当选择用两个 3
分硬币。换句话来说，对于"换 6 分钱"这个问题来说，它的最优解是 2（两个 3 分）。更
进一步，如果呆会儿我们兑换更大的数字时，发现"兑换 6 分钱"是这个更大的问题的一个
子问题时，我们直接把 2 这个最优解拿出来用就可以了——这倒不是为了省事，而是尝试告
诉我们，在子级最优解上构建出来的更高级别的解也是最优解。这就好像我从三筐苹果中选
出每筐当中最大的那个，得到三个苹果，然后再从这三个苹果当中选出最大的一个来，那么
这个苹果肯定也是这三筐苹果中最大的一个。这就是动态规划的基本原理。

那么，如何应用动态规划的原理把"换硬币"的题完整地解出来呢？让我们以这样的步
骤来思考：

（1）有些数值是永远兑换不出来的，比如 1 分。对于兑换不出来的数值，我们返回 -1
这个解。

（2）我们有 2 分、3 分、5 分三种硬币，所以，当兑换 2 分、3 分、5 分的时候，最优
解肯定是 1——你肯定不会用一个 2 分和一个 3 分去兑换 5 分。

（3）现在让我们从 1 到 21、从低到高迭代一遍，每迭代到一个数值，这个数值的最优
解都只可能是这三种情况中的一个：

- 1 个 5 分，加上这个数值减 5 的最优解。

- 1个3分，加上这个数值减3的最优解。
- 1个2分，加上这个数值减2的最优解。

（4）继续向后推进，直到21。

把这个思路转换成代码，于是就能得到：

```java
public class Main {
    public static void main(String[] args) {
        var coins = new int[]{2, 3, 5};
        var minCount = change(coins, 21);
        System.out.println(minCount);
    }

    public static int change(int[] coins, int n) {
        if (n == 0) return 0;
        var optimal = new int[n + 1];
        Arrays.fill(optimal, -1);
        for (var coin : coins) optimal[coin] = 1;
        for (var v = 1; v <= n; v++) {
            if (optimal[v] != -1) continue; // 2, 3, 5
            for (var coin : coins) {
                if (v - coin < 0 || optimal[v - coin] == -1) continue;
                if (optimal[v] == -1 || optimal[v - coin] + 1 < optimal[v])
                    optimal[v] = optimal[v - coin] + 1;
            }
        }

        return optimal[n];
    }
}
```

运行程序，一样得到5这个答案。动态规划解法的优势是显而易见的：

- 它的核心递推部分是一个双层嵌套循环，运行效率是O(n*coins.length)，基本上可以算作O(n)。本题中的运算次数是63，这比"穷举法"的440次要好多了，而且就算增大n的值或者增加硬币的种类，运算量的增长也平缓得多。
- 无论是改变硬币种类的个数还是硬币的值，程序都不用改动。比如，把5改成7，结果立刻就变成了3。

通过这个解法，我们可以清楚地看到，递推式动态规划的要义就在于这两点：

（1）我们有机会按某种顺序求解所有子问题。

（2）在求解任何一个子问题之前，这个子问题的更子一级问题已经得到其最优解。

递归版动态规划

既然我们已经知道了父级问题的最优解与子级问题最优解之间的关系，也知道了如何把父级问题拆解为子级问题，那还费什么劲自己从子级问题一步一步推导呀！干脆让递归代码自己来做好了。这样做还有一个好处，那就是：当我们看不太清子问题的顺序（有时候是懒得看）或者不能保证每个子问题都能在父级问题求解之前就求出最优解的话，递归代码可以辅助我们做到这点——代价就是对子问题的求解有可能重复，不过，加个字典式的缓存就可以避免重复求解啦！

具体到这个问题上，我们的解题思路就变成了这样：

（1）顶级问题是："喂！递归函数呀，兑换 21 的话，最少用几个硬币就够了？"

（2）递归函数说："你等等，我看看啊！肯定是兑换 16（21-5）、18（21-3）、19（21-2）的结果中取最小的那个，再加上 1 咯！"

（3）递归函数默默问自己："那兑换 16、18、19 时的最优解又是什么呢？应该是……（于是继续向深度递归）"。

（4）直到递归函数发现兑换 2、3、5 只需要一枚硬币，然后就把这三个最底层的最优解逐层返还上去。

（5）最终顶级问题得到最优解，是 5。

把思路转换为代码，就能得到：

```
public static int change(int[] coins, int n) {
    var optimal = -1;
    if (n < 0) return optimal;
    for (var coin : coins) {
        if (n == coin) return 1;
        var subOptimal = change(coins, n - coin);
        if (subOptimal == -1) continue;
        if (optimal == -1 || optimal > subOptimal + 1)
            optimal = subOptimal + 1;
    }

    return optimal;
}
```

当然了，这还是不带缓存的版本。不带缓存的后果就是递归函数将对某些值多次求解、造成运算上的重复和浪费，而且，越是靠近底层的子级问题，被重复运算的次数就会越多——因为它们被众多的父级问题所共享。就拿当前这个例子来说：如果我们为这个递归函数加一个计数器（比如一个字典），在进入这个函数的时候统计针对某个 n 的值一共做了多少次调用（重复求解），那么你会发现——针对最顶层的问题 21 来说，我们只做了一次求解，而针对 12 就已经有 8 次求解（相当于有 7 次是重复的），而到了更靠近底层的 4 就已经达到了 144 次求解（即 143 次重复）。

那么我们应该如何避免对子问题重复计算呢？答案当然是：缓存。也就是说，当我们对一个子问题完成求解后，马上以某种方式把这个已经确定了的解记录下来，下次再要求对这个子问题求解时，我们直接把已经求好的解拿出来用行了。这里有必要强调一点，那就是：缓存下来的子问题解一定是个确定的、不会再变的值。当我们为代码加了一个（轻量级的）缓存之后，所有子问题就只需求解一次，之后就可以从缓存里直接拿结果了：

```java
public class Main {
    public static void main(String[] args) {
        var coins = new int[]{2, 3, 5};
        var cache = new int[21 + 1]; // 轻量级缓存，没有用 map
        Arrays.fill(cache, -1);
        var minCount = change(coins, 21, cache);
        System.out.println(minCount);
    }

    public static int change(int[] coins, int n, int[] cache) {
        var optimal = -1;
        if (n < 0) return optimal;
        if (cache[n] != -1) return cache[n]; // 此行以下为真正运算
        for (var coin : coins) {
            if (n == coin) return 1;
            var subOptimal = change(coins, n - coin, cache);
            if (subOptimal == -1) continue;
            if (optimal == -1 || optimal > subOptimal + 1)
                optimal = subOptimal + 1;
        }

        cache[n] = optimal;
        return optimal;
    }
}
```

说到缓存子问题解的这个功能，在这方面，递归相较递推有着"先天优势"，为什么这么说呢？因为，递推总归是要沿着某个顺序来进行的，而有的时候我们无法保证在推进到某一步的时候，这一步所需要的全部子问题解已经在前面的推进过程中都求得了，对于没有求到的子问题，缓存里当然不可能有它的解。而（自底向上的）递归则保证了当进行这一层的运算时，以其为根（父问题）的所有子问题都已经被求解并且被缓存了。进而，为了避免调用栈溢出所带来的麻烦（毕竟，子问题的深度经常是不可知的，例如本例，它的子问题深度就是由要兑换的数值除以最小的硬币面额决定的），我们要做好将"以自底向上式递归求解动态规划问题"的代码转换为使用循环语句加栈数据结构的递推式代码——这十分有用：

```java
public static int change(int[] coins, int n) {
    var count = new int[n + 1]; // 记录已经处理了几个子问题

    var cache = new int[n + 1];
    Arrays.fill(cache, -1); // -1 表示尚未计算过或者没有兑换方案

    var stack = new Stack<Integer>();
    stack.push(n);
    while (true) {
        var top = stack.peek();
        if (count[top] == coins.length) {
            var sub = stack.pop();
            if (stack.isEmpty()) break;
            top = stack.peek();
            if (cache[sub] != -1 && (cache[top] == -1 || cache[top] > cache[sub] + 1))
                cache[top] = cache[sub] + 1;
            count[top]++;
        } else {
            var sub = top - coins[count[top]];
            if (sub < 0 || (count[sub] == 2 && cache[sub] == -1)) { // 子问题无解
                count[top]++;
            } else if (sub == 0) {
                cache[top] = 1; // 1 是可能的最小值
                count[top]++; // count[top] = coins.length; 亦可
            } else if (cache[sub] != -1) {
                if (cache[top] == -1 || cache[top] > cache[sub] + 1)
                    cache[top] = cache[sub] + 1;
                count[top]++;
            } else {
                stack.push(sub);
            }
        }
    }

    return cache[n];
}
```

这段代码的核心控制就在于检查 count[x] 的值有没有达到 coins.length，达到了，说明子问题最优解都已经求出并且缓存在了 cache 里。我之所以要把这个版本的代码放在这里，一来当大家在工作中遇到同样苛刻的条件时可以拿出来参考（这段代码连缓存都加好了），二来是让大家对这段代码的长度和复杂度有一个感知（30 多行，不太好临时现想），这样在竞赛或者面试的时候就可以衡量一下有没有把握在规定时间内把它写出来。（注：有些竞赛是允许复制代码模板，再在模板上进行修改来解题的。）

陷阱：这不是动态规划！

仍然是这个兑换硬币的问题——不出意外的话，你能想到（或者听说过）这样一个递推思想的版本：

```java
public static int change(int[] coins, int n) {
    var optimal = new int[n + 1];
    Arrays.fill(optimal, -1);
    optimal[0] = 0;
    for (var v = 0; v < n; v++) {
        if (optimal[v] == -1) continue; // 此值无法兑换
        for (var coin : coins) {
            var to = v + coin;
            if (to <= n && (optimal[to] == -1 || optimal[to] > optimal[v] + 1))
                optimal[to] = optimal[v] + 1;
        }
    }

    return optimal[n];
}
```

这个版本像极了第一个"用递推思想实现动态规划"的版本。但仔细品味，你就会发现，这个版本的思想是：站在当前兑换值 x 的最优解上，迭代每种硬币的币值 c，推导出当前兑换值加硬币币值 y=x+c 的一个解等于当前最优解加 1——但推导出来的这个解不保证是最优解，但等我推进到这个兑换值 y 的时候，因为经历了多个解的不断碰撞和覆盖，我得到的肯定是兑换这个 y 值的最优解。

这个版本也有子问题解的碰撞，也是递推……那么，它是动态规划吗？显然不是！区分一个思想是不是动态规划，要看是否在某个操作步骤上是否主动地对所有子问题的最优解进行了碰撞——这里"所有"和"主动"是最关键的。而我们上面这个版本，并没有"主动"去做这个碰撞。它的确是逐一碰撞了所有子问题的最优解，但只能说这是此类问题的一个巧合——因为此问题数学结构的限制，当我们的递推代码推进到某个兑换值时，这个兑换值的全部子兑换值的确都已经计算过了，而且通过比较（碰撞）得到了最小的那个值（最优解）。为了方便起见，我们暂时把这个版本称为"纯递推版"吧。

请注意，"思想"本就是个主观的东西，它是"主观意图"。就像"我想请你喝茶"，这是我的主观意图，而"我想请你喝咖啡，结果咖啡馆人满了，只能请你喝茶"，这就不是我的主观意图，不能算"我想请你喝茶"。所以，如果有人告诉你说上面这个版本是动态规划，或者你误以为能解这类题的方法就叫动态规划，那可就错了。

做人做事真的不能只看表象、只看结果，"念头"是个很重要的东西。就拿可以让人从烦恼中解脱的"空"来说——如果是本来拥有很多，但能通过"断、舍、离"逐渐放下，这是真的"空"，是人生大赢家；而一个人本来就一无所有、不求上进，然后还用"四大皆空"为自己开脱，那就是人生的大输家。

贪心也要动脑子

既然已经掌握了纯递推且非动态规划的思想，那我们不妨再往前走一步，看看"纯递推"这条胡同到底通向哪里。如果我们扩展一下思路，把 1 到 21 间的每个数字都想象成一个结点，那么这些结点之间的通路会是：

- 0 通向 2、3、5。
- 1 通向 3、4、6。
- 2 通向 4、5、7。
- 3 通向 5、6、8。
- 4 通向 6、7、9。
- ……。

我们很快就发现，排在前面的结点有可能共用排在后面的结点（2 和 3 都能通向 5，2 和 4 都能通向 7，3 和 4 都能通向 6……），如果你有兴趣把所有的结点和通路都画出来，那么你会发现，你画出的是一个没有环路的图（graph），这个图上的每条边（两结点间的通路）都是有方向的，而且等同于"用了一枚硬币"。而我们要做的，就是找到从 0 到 21 的最短路径——最短路径就是用硬币最少的路径，因为每条边相当于一枚硬币。

其实前面那个"纯递推"的方法就是一个标准的"最短路径算法"，它就是如雷贯耳的"迪杰斯特拉单源全对最短路径算法"（Dijkstra's Single-Source All-Pairs Shortest Path，简称 Dijkstra's SSASP）。Dijkstra 是著名的计算机科学家，"单源"（single-source）指的是路径的出发点只有一个（我们这个例子中是 0），"全对"（all-pairs）指的是一趟递推走下来，凡是递推推进时经过了的结点，起点到这个结点的最短路径也都被计算出来了（对于本问题来说，它们就保存在 optimal 数组里）——这个很好理解，因为我们就是基于先推出来的（子问题的）最优解来推导后面的最优解的，得到终点最优解的前提就是前面所有经过的点都计算出了最优解。

这倒是不错！本来只想计算一个从起点到终点的最优解，结果顺便把路过的点的最优解也给求出来了！（注：其实动态规划也做到了这点，子问题的最优解也被缓存起来了。有异曲同工之妙！）

仔细观察动态规划版的代码和 Dijkstra's SSASP 版的代码，都能发现一句类似的代码，大致如下：

```
if (optimal[to] > optimal[v] + x){
    optimal[to] = optimal[v] + x;
}
```

这句代码的用意就是：如果新得出的解优于先前的解，那么就用新解取代旧解，达到逐步优化，最后得到最优解。这步操作的算法术语叫"松弛"（relax，与"绷紧"相对，因为值越来越小嘛）。本例中的 x 值为 1，因为图上每条边的权值正好都是 1（用一枚硬币）。未来当我们正式深入接触到图算法的时候，还会更加深入地讨论这个值。

如果分析一下 Dijkstra's SSASP 和动态规划算法，我们会发现，它们在性能上并没有太多不同——因为它们要做的操作是一样多的。不过，对 Dijkstra's SSASP 稍加优化，我们就能得到一个速度更快、效率更高的算法。

怎么优化呢？首先，我们需要创建一个类 MinCountTo，这个类的作用有两个：

（1）存储到某个兑换值需要的最少硬币数，即最优解。

（2）按给定的价值取向进行比较，见代码。

```java
public class MinCountTo implements Comparable<MinCountTo> {
    int count;
    int to;

    public MinCountTo(int count, int to) {
        this.count = count;
        this.to = to;
    }

    @Override
    public int compareTo(MinCountTo that) {
        if (this.count < that.count) {
            return -1;
        } else if (this.count > that.count) {
            return 1;
        } else if (this.to > that.to) {
            return -1;
        } else if (this.to < that.to) {
            return 1;
        } else {
            return 0;
        }
    }
}
```

为了能够互相比较，这个类实现了 Comparable<T> 接口。它的比较逻辑，或者说"价值取向"是：先以 count 的值决定大小——count 的值小则对象也"小"；count 的值相等的话就比较 to 的值——to 的值大的话对象反而"小"。

然后，我们的算法代码是：

```java
public static int change(int[] coins, int n) {
    var pq = new PriorityQueue<MinCountTo>();
```

```
        pq.offer(new MinCountTo(0, 0));
        while (!pq.isEmpty()) {
            var optimal = pq.poll();
            if (optimal.to == n) return optimal.count;
            for (var coin : coins)
                if(optimal.to + coin <= n)
                    pq.offer(new MinCountTo(optimal.count + 1, optimal.to + coin));
        }

        return -1;
    }
```

相信很多人看到这段代码都会疑惑不解——它与 Dijkstra's SSASP 的差别是如此之大，怎么能说是"稍做优化"呢？其实，前面提到的 Dijkstra's SSASP 中的外层 for 循环起到的是一个 Queue<E> 数据结构加 while 循环的作用，它保证每个可兑换的值都会被计算到，即等价于：

```
public static int change(int[] coins, int n) {
    var optimal = new int[n + 1];
    Arrays.fill(optimal, -1);
    optimal[0] = 0;
    Queue<Integer> q = new LinkedList<>();
    q.offer(0);
    while (!q.isEmpty()) {
        var v = q.poll();
        for (var coin : coins) {
            var to = v + coin;
            if (to > n) continue;
            q.offer(to);
            if (optimal[to] == -1 || optimal[to] > optimal[v] + 1)
                optimal[to] = optimal[v] + 1;
        }
    }

    return optimal[n];
}
```

这样对比起来就清晰多了：Queue<E> 是没有优先级的，所以它不会"偏心眼"，不会优先照顾对哪个兑换值的运算，所以每个兑换值都会被"机会均等地"运算到。而在优化版本里，我们用 PriorityQueue<E> 取代了 Queue<E>，并且，我们告诉它尽可能优先考虑所需硬币少的兑换方案，如果若干兑换方案用的硬币一样少，那就优先考虑那些被兑换的值比较大的（更靠近最终结果的）方案。就算到最后发现兑换方案达不到要求（比如：4 个 5 分能兑换 20 分，但不可能兑换出 21 分来），那么 PriorityQueue<E> 也会提供出另一个相对其他方案更靠近最终结果的方案、继续推进。这样一来，应用了 PriorityQueue<E>的算法就有可能比应用 Queue<E> 的算法先找到兑换最终值的最优解——底线是不会比应用了 Queue<E>的算法慢。当然了，作为代价，并不是从起点到终点的每个可兑换值都有机会得到运算、求得最优解，所以，这个算法的名字叫"迪杰斯特拉单源最短路径算法"（Dijkstra's Single-Source Shortest Path，简称 Dijkstra's SSSP）——"全对"（all-pairs）没有了。

现在，我们至少又了解到两个有意义的知识：

（1）递推版的动态规划与 Dijkstra's Algorithms 有着微妙的联系，它通向图算法。

（2）换硬币这类的问题是可以用"贪心法"来解的（是的，Dijkstra's SSSP 是"贪心法"，它的贪心体现在 PriorityQueue<E>的价值取向上），只是我们不能用简单（朴素）的"贪心法"罢了——贪心也是需要智商的嘛。

更上层楼：让规划"动态"起来

上一节我们的主要目的是理解动态规划的基本原理，至于用来帮助我们理解原理的问题——换硬币——本身并不是一个特别"动态"的问题，因为它的每个子问题都是"匀质"的，即 3 分硬币中的每一分钱和 5 分硬币中的每一分钱是等价的、3 个 5 分和 5 个 3 分是等价的。同时，换硬币的时候也没有数量上的限制，每种硬币都用不尽，这样，每个问题的子问题就都固定地是 3 个（coins.length）。然而，现实世界中大多数需要应用动态规划思想来求解的问题都要比换硬币这类问题情况复杂——一般都是非匀质的、在多个维度上有限制的。一开始，当我们套用动态规划思想的时候，会感觉很不适应，特别是在界定父级问题和子级问题的时候。本节就让我们通过几个经典的例子来帮大家克服这种不适应，快速上手动态规划这种思维工具。

切年糕

大凡读过《算法导论》的人，都知道动态规划一章有个"切钢条"（Rod cutting）的例子。除非你对机械、工程方面的知识有所涉猎，不然对什么是钢条（steel rod）一定很无感。所以，咱们还是切年糕吧——年糕不但好吃，而且人人都见过，不陌生。

问题是这样的：街角的年糕老店每锅都会蒸出一个 10 斤的大年糕来，然后店里的伙计就会把年糕按不同的斤秤切成块，然后出售。根据以往的经验和对销售数据的分析，店家将年糕的价格定为：

重量/斤	1	2	3	4	5	6	7	8	9	10
价格/元	3	7	11	12	15	17	18	25	28	30

假设所有年糕都能卖出去，那么，一块 10 斤的大年糕应该怎么切最后的销售额才能达到最大呢？

这个问题就带有典型的"不均匀性"——如果 10 斤的年糕 30 元，切块之后仍然按每斤 3 元来卖，那随便怎么切，或者都切成 1 斤一块的都可以。不均匀性还体现在值的无规律性上——如果大块的都按批发价打折，那么不用问，都切成小块就行了。

现在，面对不均匀的数据，我们应该怎么办呢？首先，尝试全部组合是能得到结果的，只是效率太低、运行太慢，应付切年糕还行，没办法推广到真正的工程项目中去。进而，我们能够想到，全部组合之所以慢是因为里面有很多"非最优解"搅局，导致组合方案的总数呈指数级激增——如果能把非最优解及早从组合中剔除、只留下最优解进行组合，那么效率就会高很多。如何剔除非最优解？当然是将同质、同级子问题的解拿来比较（碰撞），最后只留下最优解。"同质同级子问题解进行碰撞取优"，这不就是动态规划嘛！

有了前面换硬币的问题做铺垫，这个问题的递推版解法很容易想出来——某个重量值 w 的"最佳切法"是从下列的方案中优选出来的：

● 重量为 w 的单独一块的价格为 prices[w]。

● 尝试迭代每个比 w 小的切块 dw，计算"dw 的最优解"与"w-dw 的最优解"的和，取最大的和。

因为无论是 dw 还是 w-dw 都比 w 要小，所以，如果从 1 开始向 w 递推，那么在推进到 w 之前，dw 和 w-dw 的最优解肯定都已经计算出来了，我们可以放心地进行比较碰撞。于是，我们可以很轻松地实现如下程序：

```java
public class Main {
    public static void main(String[] args) {
        var prices = new int[]{0, 3, 7, 11, 12, 15, 17, 18, 25, 28, 30}; // 索引为重量
        var max = cut(prices, 10);
        System.out.println(max); // 输出 36
    }

    public static int cut(int[] prices, int n) {
        var optimal = new int[n + 1];
        for (int w = 0; w <= n; w++) {
            if (w < prices.length) optimal[w] = prices[w];
            for (int dw = 0; dw < w; dw++) {
                var sum = optimal[dw] + optimal[w - dw];
                if (sum > optimal[w]) optimal[w] = sum;
            }
        }

        return optimal[n];
    }
}
```

CHAP03

既然已经搞清了父级问题与子级问题之间的关系，何不拿"最终问题"直接向程序发问呢？于是，递归版的代码应运而生：

```java
public class Main {
    public static void main(String[] args) {
        var prices = new int[]{0, 3, 7, 11, 12, 15, 17, 18, 25, 28, 30};
        int w = 10,  cache = new int[w + 1];
        Arrays.fill(cache, -1);
        var max = cut(prices, w, cache);
        System.out.println(max); // 输出 36
    }

    public static int cut(int[] prices, int w, int[] cache) {
        if (w <= 0) return 0;
        if (cache[w] != -1) return cache[w];
        var max = w < prices.length ? prices[w] : 0;
        for (int dw = 1; dw < w; dw++) { // dw 必须从 1 开始
            var sub = cut(prices, dw, cache);
            sub += cut(prices, w - dw, cache);
            if (sub > max) max = sub;
        }
        cache[w] = max;
        return max;
    }
}
```

"切年糕"这个问题比"换硬币"问题稍微"动态"了那么一丁点，体现在：换硬币的时候，子问题总是硬币种类那么多个（`coins.length`），而切年糕的时候，子问题的个数随着重量的增加而增加。

接订单

当我们夸赞一个人"有策略"、"有智慧"的时候，往往是说这个人懂得取舍、能够将有限的资源"利益最大化"。这道题就是为你揭示"成本—收益"类问题背后的秘密，让你也成为一个"有智慧"、"有策略"的人。

问题是这样的：一位知名经济学家正在一座优美的小城市度假，因为非常仰慕他的远见卓识，所以，在得知这个消息后，这座城市里的很多企业高管都想请他答疑解惑，当然，也开出了不菲的授课酬劳：

邀约	a	b	c	d	e	f
时间/小时	1	1	2	2	3	3
金币/个	2	4	2	6	4	5

经济学家决定拿出一天来，只讲 5 个小时的课，请问，他应该接受哪些邀请才能得到最多的金币？

我们发现，这个问题与之前所有问题最大的不同之处在于：最底层子问题的解最多只能使用一次。比如，讲 1 小时得 4 个金币的邀约是最划算的，但只能讲一次——不会有人在得到答案后把同样的问题再问一遍、再交一遍学费。推而广之，类似的问题还有很多。又比如，同样是旅游，我需要计算的则是如何选择攻略（每个攻略都有所需的天数和能游览的景点个数）才能在有限的假期里游览到最多的景点。再比如，一个背包的承重最多是 W 公斤，现在有 n 个物品，物品的重量是从 w[1]到 w[n]、价值是从 v[1]到 v[n]，问你两个问题：一，不考虑价值，最重能够装进多少物品？ 二，考虑价值，如何选择物品能让背包里的物品价值最高。因为旅游、经商这类活动不是每个人都有机会参与，但人人都使用过背包，所以，这类对成本有限制、对收益有追求的"成本—收益"问题就统称为"背包问题"（knapsack problem）。特别是，当最底层的子问题解（如可装进背包的物品、可选的旅游攻略、可接受的授课邀请等）最多只能选择一次（可以不选但不能重复）时，就成了"背包问题"的一个子集，称为"0-1 背包问题"（0-1 knapsack problem），这里的 0 和 1 指的是，对于一个基本选项来说，你只有两个选择：要么选，要么不选。

回到问题上来，这个问题应该怎么解呢？ 首先，当数据规模不大的时候，用"穷举法"把所有可能的组合尝试一遍就可以，但这显然不是最佳方案，仍然会有很多非最优子方案混进后续的组合尝试中，从而增大了运算量、降低了算法效率。然后，借助"思维惯性"，你很可能想到一种方案，那就是尝试以时间或者金币数为子问题的维度进行递推——你可能会在这里卡很久，最终发现因为每个选项只能选一次，所以不得不用很多辅助的办法去记住哪个选项已经选过了、哪个还没有选过，结果发现还不如使用"穷举法"！我们知道，解动态规划问题的核心要义就是识别出什么是父问题、什么是子问题、以及从子问题到父问题的递推关系。如果在界定问题的时候方向错了，那是不可能把动态规划的思想应用上的。

那么，就这个问题而言，它可递推的父问题是什么呢？ 答案是：把邀约随机地排成一列（不用按成本或收益排序），首先可以肯定的是，任何一个邀约与排在其前面的邀约都不重复，这样，当我想选择这个邀约的时候就绝对不用担心它已经被选过了，所以也就不需要用缓存来记录邀约们的选中情况；其次，如果从头到尾迭代每个邀约，那么迭代到这个邀约时的最佳方案只可能从下列方案中选出：

（1）当前这个邀约的收益（金币数）优于或等于之前所有最优组合方案中与其成本（授课总时长）相等的方案。

（2）把当前这个方案加入到之前的所有最优方案中去，看看有没有产生同成本的更优方案。

等把所有对象都迭代完之后，我们需要做的就是选出成本没有超出限制、收益最大的方案。

在界定问题的时候，其中有个微妙的小思考，那就是，为什么是当前邀约与排在"前面的"邀约们的最佳组合方案来进行比较碰撞，而不是跟"其他所有的"邀约们的最佳组合方案进行碰撞呢？仔细想想就能发现——其实它们是一回事。比如，目前有 A、B、C 三个邀约，如果是只碰撞"前面的"最优组合，那么，A 直接入选，B 与 A 碰撞，C 与 A、B 的组合碰撞；如果是与"其他所有的"最优组合碰撞，那么 A 需要与 B、C 的最优组合碰撞，B 需要碰撞 C、C 需要碰撞 B（重复），最后 B 或 C 作为单独选项的时候不用碰撞——结果就是你要么按 C->B->A 的顺序迭代了一遍，要么按 B->C->A 的顺序迭代了一遍。

下面，让我们把思路实现为代码。为了让代码更贴近算法的自然语言描述，在这里，我将邀约对象化了，这样就能减少数组映射关系对算法学习的干扰：

```java
public class Invitation {
    int hour;
    int reward;

    public Invitation(int hour, int reward) {
        this.hour = hour;
        this.reward = reward;
    }
}
```

然后，我们把上述算法思想直白地翻译成代码：

```java
public static int choose(Invitation[] invitations, int limit) {
    var optimal = new HashMap<Integer, Integer>();
    for (var inv : invitations) {
        var temp = new HashMap<>(optimal);
        if (optimal.isEmpty()) {
            temp.put(inv.hour, inv.reward);
        } else {
            for (var h : optimal.keySet()) {
                int hh = h + inv.hour, rr = optimal.get(h) + inv.reward;
                if (!temp.containsKey(hh) || rr > temp.get(hh))
                    temp.put(hh, rr); // 碰撞取优
            }

            if (!temp.containsKey(inv.hour) || temp.get(inv.hour) < inv.reward)
                temp.put(inv.hour, inv.reward); // 碰撞取优
        }

        optimal = temp;
    }

    var max = 0;
    for (var h : optimal.keySet())
```

```
        if (h <= limit && optimal.get(h) > max)
            max = optimal.get(h);

    return max;
}
```

如下调用函数，则能得出最大收益是 12 的结果来：

```
public static void main(String[] args) {
    var invitations = new Invitation[]{
            new Invitation(1, 2),
            new Invitation(1, 4),
            new Invitation(2, 2),
            new Invitation(2, 6),
            new Invitation(3, 4),
            new Invitation(3, 5)
    };

    var maxReward = choose(invitations, 5);
    System.out.println(maxReward); // 输出 12
}
```

在这版代码中，因为有个字典（Map<Integer, Integer>）一直跟随着迭代的推进用来保存最优解，所以，我把它称为"滑动字典法"递推实现。很多初学者不太理解 var temp = new HashMap<>(optimal);这一步——有些书里模棱两可地把它解释为"继承前面的最优解"，"继承"是什么意思、为什么要"继承"却没有说清。其实，这一步真的是动态规划递推解法的"点睛之笔"，它的用意是：已有的子问题最优解先要照搬下来，然后，让当前正在被考虑的邀约与子问题的最优解进行组合、产生一组新的最优解，如果这组新的最优解与子问题的最优解有交集，那就进行碰撞取优。经过碰撞取优后，子问题最优解和新产生的最优解就合并（merge）在了一起、作为下一步的子问题最优解。这步很重要，必须要理解。

这个版本很清晰、很好记，唯一的问题就是对内存的浪费有点儿大（每推进一步都要创建一个新的字典实例、抛弃旧的）。我们知道，当字典中的 key 值都是大于等于 0 的整数且 key 的取值范围不大时，我们可以用一个数组来代替厚重的字典。于是，我们的代码可以升级为：

```
public static int choose(Invitation[] invitations, int limit) {
    var optimal = new int[limit + 1];
    for (var inv : invitations) {
        var temp = optimal.clone();
        for (var h = 1; h <= limit; h++) {
            int hh = h + inv.hour, rr = optimal[h] + inv.reward;
            if (hh <= limit && rr > temp[hh])
                temp[hh] = rr; // 碰撞取优
```

```
        }

        if (inv.hour <= limit && temp[inv.hour] < inv.reward)
            temp[inv.hour] = inv.reward; // 碰撞取优


        optimal = temp;
    }


    var max = 0;
    for (var r : optimal)
        if (r > max) max = r;


    return max;
}
```

在这个版本里，我们用长度为 limit + 1 的 int[]代替了字典。之所以用 limit + 1 作为数组的长度，一是因为我们需要 limit 的值包含在数组的索引里，二是因为大于 limit 的小时数根本不用考虑。观察这版代码，我们很快就能发现——既然每次克隆出来的新数组跟之前的长度都一样、总共迭代多少次也知道（invitations.length），那还何苦一边克隆一边丢弃呢？干脆直接搞个二维数组来用就好了！于是，我们的代码可以"升级"为：

```
public static int choose(Invitation[] invs, int limit) {
    var optimal = new int[invs.length][limit + 1];
    if (invs[0].hour <= limit)
        optimal[0][invs[0].hour] = invs[0].reward;
    for (var i = 1; i < invs.length; i++) {
        System.arraycopy(optimal[i - 1], 0, optimal[i], 0, limit + 1);
        for (var h = 1; h <= limit; h++) {
            int hh = h + invs[i].hour, rr = optimal[i - 1][h] + invs[i].reward;
            if (hh <= limit && rr > optimal[i][hh])
                optimal[i][hh] = rr; // 碰撞取优
        }

        if (invs[i].hour <= limit && optimal[i][invs[i].hour] < invs[i].reward)
            optimal[i][invs[i].hour] = invs[i].reward; // 碰撞取优
    }

    var max = 0;
    for (var r : optimal[invs.length - 1])
        if (r > max) max = r;

    return max;
}
```

这版代码清楚地告诉我们：使用递推式动态规划来解 0-1 背包问题，时间复杂度是

O(n*limit)，这是由嵌套的 for 循环决定的。除非你已经彻底理解了这个问题的解题思想，不然这版代码真的很难读懂。而很多书籍一上来讲的就是这版代码，而且输入值还不是对象化的（想象一下给你两个 int[]，一个是小时数、一个是金币数；或者给你一个 int[][]，每个子数组的第一个元素表示小时数、第二个元素表示金币数……）。先不说动态规划的思想有没有搞懂，就那一层一层的方括号就足以让人望而却步了！不信？请看这版代码：

```java
public static int choose(int[] hours, int[] rewards, int limit) {
    var optimal = new int[hours.length][limit + 1];
    if (hours[0] <= limit)
        optimal[0][hours[0]] = rewards[0];
    for (var i = 1; i < hours.length; i++) {
        System.arraycopy(optimal[i - 1], 0, optimal[i], 0, limit + 1);
        for (var h = 1; h <= limit; h++) {
            int hh = h + hours[i], rr = optimal[i - 1][h] + rewards[i];
            if (hh <= limit && rr > optimal[i][hh])
                optimal[i][hh] = rr; // 碰撞取优
        }

        if (hours[i] <= limit && optimal[i][hours[i]] < rewards[i])
            optimal[i][hours[i]] = rewards[i]; // 碰撞取优
    }

    var max = 0;
    for (var r : optimal[hours.length - 1])
        if (r > max) max = r;

    return max;
}
```

——和这版代码：

```java
public static int choose(int[][] invs, int limit) {
    var optimal = new int[invs.length][limit + 1];
    if (invs[0][0] <= limit)
        optimal[0][invs[0][0]] = invs[0][1];
    for (var i = 1; i < invs.length; i++) {
        System.arraycopy(optimal[i - 1], 0, optimal[i], 0, limit + 1);
        for (var h = 1; h <= limit; h++) {
            int hh = h + invs[i][0], rr = optimal[i - 1][h] + invs[i][1];
            if (hh <= limit && rr > optimal[i][hh])
                optimal[i][hh] = rr; // 碰撞取优
        }

        if (invs[i][0] <= limit && optimal[i][invs[i][0]] < invs[i][1])
            optimal[i][invs[i][0]] = invs[i][1]; // 碰撞取优
```

```
    }

    var max = 0;
    for (var r : optimal[invs.length - 1])
        if (r > max) max = r;

    return max;
}
```

我不知道当你看到这两版代码的时候是什么样的感觉，反正当我看到诸如 optimal[i][invs[i][0]]这样的代码时，整个人是方的——更何况还要我靠这样的代码去理解其背后的编程思想……

我想，之所以很多书一上来就用这两个版本的代码来讲递推式动态规划，大概是有这么几个原因：

（1）这两个版本不涉及面向对象编程，这对 C 语言背景的学习者或者不擅长面向对象的学习者来说是一种优待。

（2）书籍内容是从面向对象尚不流行的年代传承下来的，没做升级。

（3）作者希望尽可能减少算法知识对软件工程相关知识的依赖，比如，这样就不用创建 Invitation 类。

（4）在二维数组上进行递推与在白板上画表格进行推演取舍非常类似，这也最贴近动态规划思想的初衷（如下图，右图中灰色格子说明碰撞后最优解产生了变化）。

Invitation	0	1	2	3	4	5
Hour	1	1	2	2	3	3
Reward	2	4	2	6	4	5

		Hour					
		0	1	2	3	4	5
Invitation	0		2				
	1		4	6			
	2		4	6	6		
	3		4	6	10	12	12
	4		4	6	10	12	12
	5		4	6	10	12	12

有意思的是，这表格推演告诉我们：经济学家讲 4 个小时和 5 个小时得到的最大酬劳都是 12 个金币。不过，这道题并没有问我们应该接受哪几个邀约，只是问我们最多能得到多少酬劳。

一旦找到了动态规划问题中子问题与父问题之间的递推关系，那么，编写递归代码也应该不在话下。我们仍然使用自描述性比较好的、应用了面向对象编程的代码（注：这里的 optimal 对应递推版里的 temp，而递推版里的 optimal 对应这版的 subOptimal，一切命名皆为可读性服务，名正方能言顺）：

```
public static Map<Integer, Integer> choose(Invitation[] invs, int i, int limit) {
    if (i >= invs.length) return new HashMap<>(); // 越界代偿
```

```
    var subOptimal = choose(invs, i + 1, limit);
    var optimal = new HashMap<>(subOptimal);
    if (optimal.isEmpty()) {
        if (invs[i].hour <= limit)
            optimal.put(invs[i].hour, invs[i].reward);
    } else {
        for (var h : subOptimal.keySet()) {
            int hh = h + invs[i].hour, rr = subOptimal.get(h) + invs[i].reward;
            if (hh <= limit && (!optimal.containsKey(hh) || optimal.get(hh) < rr))
                optimal.put(hh, rr);
        }

        if (!optimal.containsKey(invs[i].hour) || invs[i].reward > optimal.get(invs[i].hour))
            optimal.put(invs[i].hour, invs[i].reward);
    }

    return optimal;
}
```

如下调用代码，仍然得到最优解 12：

```
public static void main(String[] args) {
    var invitations = new Invitation[]{
            new Invitation(1, 2),
            new Invitation(1, 4),
            new Invitation(2, 2),
            new Invitation(2, 6),
            new Invitation(3, 4),
            new Invitation(3, 5)
    };

    var optimal = choose(invitations, 0, 5);
    var max = 0;

    for (var r : optimal.values())
        if (r > max) max = r;
    System.out.println(max); // 输出 12
}
```

　　最后，提醒大家一句：背包问题最优解的总成本未必一定等于成本限制——也有可能比成本限制小。比如，就算经济学家想最多讲 5.5 小时的课，我们的最优方案也最多只能把时间凑到 5 小时（因为课程都是整数），而这时候，经济学家不会因为最佳方案的总时长不是 5.5 小时就一课不讲的。另外，当经济学家面对的不是五六个邀约而是五六万个订单时，他/她一定会请程序员来开发工具的！

听讲座

回顾一下之前的几个问题，每个问题都会在动态规划思想的基础上添加一点限制：

- "换硬币"是标准的、匀质的动态规划问题，是最基本的。
- "切年糕"则添加了一个价值取向维度，正是这个维度让数据变得不匀质。
- "接订单"则进一步限制了选项的使用次数——最多只能选一次。

但之前的三个问题有一个共同的特点，那就是最底层的子问题之间没有直接关系。比如，在余量足够的前提下：你换了一个 5 分硬币之后，再换 2 分、3 分还是 5 分都可以，后面的行为不会受前面的影响；或者你切了一个 2 斤的年糕块后，下一块切多大也不受前面的影响；再或者你决定接了一个邀约后，下一个想接的邀约也不受前面已经接受的所影响。换句话说，这三个问题中的基本子问题都是独立的。

不过，很多时候，一组数据中的元素并不是独立的——它们之间或主动、或被动地有着一些联系。比如，给动物园搬家的时候，你不能为了只图节省成本就把老虎和绵羊放在同一个笼子里运输，因为它们之间有天然的、主动的"吃"与"被吃"的关系。再比如，一组从左到右排列好的随机数字，它们之间本来是没有任何关系的，但如果我想找出最长的增序序列来，那这时候，它们就要"被迫地"去比大小了。在本小节里，我们就要研究一个典型的、元素之间有关联的问题。

在上一小节里，经济学家作为被邀请的对象，讲课的时间是由他/她自己决定的，所以，他/她接受的邀约在时间上是不会冲突的。但让我们回到一个学生的视角：某天，数位业界大神级的人物组团来到大学给大家做讲座，每听一场讲座就能收获若干"课外学习点数"，我从列表中选出了一些与自己专业相关的讲座，发现他们在时间安排上有冲突（见下表），学校又要求不能中途离场或者在开始之后进场，这时候，我应该选哪些讲座才能收获最多的"课外学习点数"呢？

讲座	a	b	c	d	e	f	g
开始	9	9	11	12	13	17	14
时长	2	4	3	5	4	3	7
点数	2	5	4	7	5	4	7

那么，这个题应该怎么解呢？首先，我们发现，这也是一个 0-1 背包问题（一个讲座不可能听两遍），所以，基于"接订单"的代码做些改动就应该能把这道题解出来（前提是"接订单"那道题你真的懂了）。那么，这道题与"接订单"的本质不同在哪里呢？不同就在于：经济学家所接的邀约之间是独立的，所以，在递推的时候，每个当前正在被考虑的邀约与前面考虑过的邀约都不会冲突，而本题则不一样——当前被考虑的讲座很可能与前面考虑过的

讲座冲突（前面的讲座结束时间晚于当前考虑的讲座的开始时间），所以，在递推的时候，我们需要对子问题的最优解做一个过滤。怎么过滤呢？那就是，我们只能保留与正在被考虑的讲座"向前兼容"的子问题最优解。何谓"向前兼容"？就是子问题最优解的讲座结束时间早于父问题讲座（即当前正在被考虑的讲座）的开始时间。

　　非常重要的一点，那就是我们把讲座按照结束时间进行了排序（如下图）。这个排序不是可有可无的，而是必须的。为什么是必须的呢？假设我们没有按结束时间排序（或者按开始时间排序），那么，当我们按顺序处理 8 点到 10 点、14 点到 16 点、11 点到 12 点的三个讲座时，前两个讲座就会形成一个 8 点到 16 点的"伪最优解"，然后 11 点到 12 点的讲座发现自己与这个"伪最优解"不兼容（实际上我们知道，这三个讲座是兼容的）。

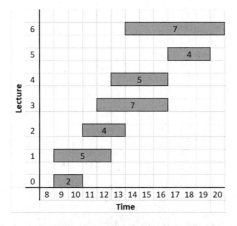

　　有了之前的铺垫，这次我们不再使用面向对象进行辅助，而是直接处理交给我们的 lectures 二维数组。使用字典作为最优解缓存的递推版如下：

```java
public class Main {
    public static void main(String[] args) {
        var lectures = new int[][]{{9, 2, 2}, {9, 4, 5}, {11, 3, 4},
                {12, 5, 7}, {13, 4, 5}, {17, 3, 4}, {14, 7, 7}};
        var maxScore = attend(lectures);
        System.out.println(maxScore);
    }

    public static int attend(int[][] lectures) {
        var optimal = new HashMap<Integer, Integer>();
        for (var lect : lectures) {
            int start = lect[0], end = start + lect[1] - 1, score = lect[2];
            if (optimal.isEmpty()) {
                optimal.put(end, score);
            } else {
```

```
                        var temp = new HashMap<>(optimal);
                        for (var e : optimal.keySet()) {
                            if (e >= start) continue; // 跳过不兼容的子问题最优解
                            int ss = optimal.get(e) + score;
                            if (!temp.containsKey(end) || ss > temp.get(end))
                                temp.put(end, ss);
                        }

                        if (!temp.containsKey(end) || score > temp.get(end))
                            temp.put(end, score);

                        optimal = temp;
                    }
                }

                var max = 0;
                for (var score : optimal.values())
                    if (score > max) max = score;
                return max;
            }
        }
```

将递推版稍做修改就能得到递归版。值得注意的是：因为"向前兼容"关系的存在，每个讲座不再独立，所以，我们只能让"后面"的讲座等待"前面"的最优解都找出来了再去碰撞选优，所以，下面这个递归函数接受的 i 值必须是从后向前变化的：

```
public class Main {
    public static void main(String[] args) {
        var lectures = new int[][]{{9, 2, 2}, {9, 4, 5}, {11, 3, 4},
                {12, 5, 7}, {13, 4, 5}, {17, 3, 4}, {14, 7, 7}};
        var optimal = attend(lectures, lectures.length - 1);

        // 输出: {16=10, 10=2, 19=14, 12=5, 20=13, 13=6}
        System.out.println(optimal);
    }

    public static Map<Integer, Integer> attend(int[][] lectures, int i) {
        if (i < 0) return new HashMap<>(); // 越界代偿
        var lect = lectures[i];
        int start = lect[0], end = lect[1] + start - 1, score = lect[2];
        var subOptimal = attend(lectures, i - 1);
        var optimal = new HashMap<>(subOptimal);
        if (optimal.isEmpty()) {
            optimal.put(end, score);
        } else {
            for (var e : subOptimal.keySet()) {
```

```
            if (e >= start) continue;
            var ss = subOptimal.get(e) + score;
            if (!optimal.containsKey(end) || ss > optimal.get(end))
                optimal.put(end, ss);
        }

        if (!optimal.containsKey(end) || score > optimal.get(end))
            optimal.put(end, score);

    }

    return optimal;
    }
}
```

最经典的"白板表格推演"版自然也是少不了的：

```java
public static int attend(int[][] lectures) {

    // 缓存子数组的长度（表格宽度）由最后一个结束时间来决定
    var lastStart = lectures[lectures.length - 1][0];
    var lastEnd = lastStart + lectures[lectures.length - 1][1] - 1;
    var optimal = new int[lectures.length][lastEnd + 1];

    // 初始化表格的第 1 行
    var firstStart = lectures[0][0];
    var firstEnd = firstStart + lectures[0][1] - 1;
    var firstScore = lectures[0][2];
    optimal[0][firstEnd] = firstScore;

    // 白板表格推演
    for (int i = 1; i < lectures.length; i++) {
        var lect = lectures[i];
        int start = lect[0], end = start + lect[1] - 1, score = lect[2];
        System.arraycopy(optimal[i - 1], 0, optimal[i], 0, lastEnd + 1);
        for (var e = 0; e <= lastEnd; e++) { // 子数组的索引就是结束时间
            if (e >= start) continue; // 跳过不兼容的子问题最优解
            int ss = optimal[i - 1][e] + score;
            if (ss > optimal[i][end])
                optimal[i][end] = ss;
        }

        if (score > optimal[i][end])
            optimal[i][end] = score;
    }

    // 提取结果
```

```
        var max = 0;
        for (var score : optimal[lectures.length - 1])
            if (score > max) max = score;
        return max;
    }
```

如果真在白板上画表格推演，那么推演出来的结果大致会是这样（灰色格子表示发生过碰撞取优）：

		End																			
		0	1	2	3	4	5	6	7	8	9	10	11	12	13	14	15	16	17	18	19	20
Lectures	0											2										
	1											2		5								
	2											2		5	6							
	3											2		5	6				9			
	4											2		5	6				10			
	5											2		5	6				10		14	
	6											2		5	6				10		14	13

因为我们的例子中恰好有一次碰撞取优，而取优的发生是因为{12, 5, 7}这个讲座恰好排在了{13, 4, 5}前面。因为这两个讲座的结束时间是一样的，所以谁在前、谁在后都可以。如果把这两个讲座在数组里的位置调换一下，那么碰撞还会发生，但因为子级最优解更优，值就不会变化了（不会有灰格子了）。另外，真实的白板上应该不会出现从 0 到 9 的结束时间，因为最早结束的讲座也是结束在 10 点。

思考题

动态规划的"经典问题"很多，除了前面覆盖到的这些"经典中的经典"之外，还有几个耳熟能详的题目也经常出没于大大小小的面试与竞赛中。比如，前面提到过的"最长增序序列"就是其中的一道。

题目是这样的：给你一个随机的 int[]，请你找出其中最长的增序序列的长度，增序序列中的元素可以是不相邻的。比如，{1, 2, 3, -2, -1, 0, 2, 1, 4, 5, 3}这个数组中，最长的增序序列长度是 6，由{-2, -1, 0, 2, 4, 5}或{-2, -1, 0, 1, 4, 5}构成。请问，你能用递推（滑动字典法）和递归两种方法解答出来吗？（注：这道题有意思的地方在于——从前向后的最长增序序列正好是从后向前的最长降序序列，所以，这道题的递归解法经常会让人卡壳。）

动态规划哲思

一块砖算不算建筑？从工程学的角度来说，不算；从哲学的角度来说，算。一个变量算不算数据结构？从工程学的角度来说，不算；从哲学的角度来说，算。那 Fibonacci 数列算不算动态规划？不算？那为什么很多书籍要用它来引出动态规划的概念呢？你看，求解 Fibonacci 数列的时候，可以用递推，可以用递归，递归的时候也有子问题重叠，为了免费重复求解子问题还可以加缓存——这与动态规划的解题方法别无二致嘛！事实呢？动态规划的初衷是希望通过子问题的解进行碰撞取优，再在子问题的最优解上构建出更高层的最优解来。换句话说，动态规划的灵魂是按某个价值取向取最优解。而 Fibonacci 数列则是把两个子问题的解进行了相加——并不是碰撞取优。而且，Fibonacci 数列也不是在求某个极值。所以，对 Fibonacci 数列的求解，只是有动态规划的躯壳和样子，而没有动态规划的灵魂和意图。如果有人非说"求和也是碰撞呀"、"求出来的和就是唯一的解，它就是最优的呀"、"动态规划未必一定取优呀"……那我只能说——"Fibonacci 数列算不算动态规划"大概也是个哲学问题吧。

　　动态规划是一种解题思想，而非解题形式。

04

排序：算法皇冠上的明珠

排序（sorting）的作用是让一组数据在某个价值维度上按某种取向（规则）形成一个顺序。有了这个顺序，元素之间在这个价值维度上的先后关系就确定了。基于这个先后关系，我们可以设计出很多非常高效的算法来，这就是为什么排序可以称得上是"算法皇冠上的明珠"，因为它实在是太重要了。

有些数据天生就是带有顺序的，比如数组或 ArrayList<E>的索引；有些则需要我们用算法来排序，比如一组随机的整数。有些数据种类天生就带有可排序的属性（价值取向），比如整数，它的值就可以排序；而有些数据需要我们为它设计可排序的属性和排序的规划，比如，我们设计了一个 Book 类，程序是不知道如何为一组 Book 实例排序的，这时候我们需要告诉程序是按书籍的 ISBN、评分、出版日期还是价格排序，是从低到高排序还是从高到低排序。为了实现这些自定义的排序规则，我们往往需要让数据类型实现 Comparable<T>接口，或者编写一个"外部"排序器并让这个排序器实现 Comparator<T>接口。

如果深入数据结构在内存中的布局，你会发现，表征有序的数据在内存中未必是按序列存储的。比如，表征上有序的数组和 ArrayList<E>元素在内存中的确也是有序的；但PriorityQueue<E>或 TreeMap<K,V>中的数据在内存中则是分别以堆（heap）和自平衡二叉搜索树（self-balanced binary search tree, self-balanced BST）的形式来存储的，换句话说，它们的元素在内存中的存储位置是相当"随机"的——这些数据结构的"有序"仅仅是在查询它们的时候表现出来的"表征有序"（注：我们会在本章详细讨论）。另外，并不是所有数据结构都需要有序，毕竟，排序是有成本的，所以，像 HashSet<E>、HashMap<K, V>这些数据结构，只保证可迭代性而不保证内部元素的顺序。如果你既想使用 Set<E>或 Map<K, V>的 API，又希望其中的数据是有序的，那么你应该关注那些以"Sorted-"前缀作为开头的数据结构们，比如：SortedSet<E>和 SortedMap<K, V>。

游乐园：O(n^2)的简单排序们

印象中我学过的第一个算法叫"冒泡排序"（bubble sort），结果后来才发现我一直以来写的都是"选择排序"（selection sort）的代码——张冠李戴了。选择排序、冒泡排序、插入排序（insertion sort），它们三个可以说是最经典的入门算法——逻辑很简单，但效率很低（O(n^2)的时间复杂度）。在这一小节里，我们用递推和递归两种方式来实现它们。用递归来实现它们，单纯是为了练习编码，或者说是一种娱乐。

选择排序

选择排序是一种"大开大合"的排序方式，递推版的代码由一对嵌套的、从前向后扫描的循环构成。外层循环完成一次，我们称之为"一趟"——每"趟"都会把被排序段里最小的元素找出来放在段首。所以，如果你想找一组整数里最小的三个，用选择排序跑三"趟"、再取前三个元素就可以了。之所以说选择排序"大开大合"，是因为排序的时候元素的位置改变有可能比较跳跃——排在前面的元素可能会被交换到后面去，然后又被交换回前面来……也正是因为元素有可能重复地前后折腾，才导致了算法效率的低下。算法科学中的一条真理就是：想提高效率就要减少重复。

选择排序对元素的"折腾"也让它成为了一个"不稳定排序"。那么，什么是排序的稳定性呢？假设我们有一组从左向右一字排开的数据，那么元素之间是有一个相对位置的——谁在谁的左边（也叫前边）、谁在谁的右边（也叫后边）。稳定排序指的就是当我们把一个元素从它的初始位置移动到它应该去的位置后，其他元素之间的相对位置关系不变。举个例子：{9, 8, 1, 4}这四个整数里，1最小，如果对1进行排序后，序列变成了{1, 9, 8, 4}，那这趟排序就是稳定的，如果依次类推能完成整个排序，那么这个排序算法就是稳定的。否则，如果对1排完序之后变成了{1, 8, 9, 4}或者别的什么非{1, 9, 8, 4}的顺序，那么这个算法肯定是个不稳定的算法。需要注意的是，一趟排序稳定不能证明算法是稳定的，要自始至终都是稳定的，才是一个稳定的排序算法。

选择排序的代码如下：

```java
public class SelectionSort {
    public static void main(String[] args) {
        int[] a1 = {4, 3, 2, 1}, a2 = {4, 3, 2, 1};
        selectionSort(a1);
        sort(a2, 0);
    }

    // 元素交换位置
```

```
public static void swap(int[] a, int li, int hi) {
    int temp = a[li]; a[li] = a[hi]; a[hi] = temp;
}

// 递推版
public static void selectionSort(int[] a) {
    for (var li = 0; li < a.length - 1; li++)
        for (var hi = li + 1; hi < a.length; hi++)
            if (a[li] > a[hi]) swap(a, li, hi);
}

// 递归版（由以下两个函数配合组成）
public static int select(int[] a, int li, int hi) {
    if (li == hi) return li;
    int mi = li + (hi - li) / 2, p = select(a, li, mi), q = select(a, mi + 1, hi);
    return a[p] < a[q] ? p : q;
}

public static void sort(int[] a, int i) {
    if (i == a.length) return;
    var minAt = select(a, i, a.length - 1);
    if (minAt != i) swap(a, minAt, i);
    sort(a, i + 1);
}
}
```

递推版是一定要熟记的。建议大家通过 debug 递推版的代码来观察一下元素在数组中的位置跳动，从而深入理解排序的稳定性。至于递归版，拿来娱乐、练习代码表达就好。既然递推版是双循环，那么递归版一定得是双递归才能等效。倘若在递归函数里嵌套一个循环来实现，那味道就不够纯正了。不知道大家看懂这个递归版了没有——select 函数帮我们用"二分法"递归找到一段数组中最小元素的索引，sort 则从前向后推动排序的进行——只有这样做才符合选择排序的特性，换句话说，sort 递归几层，那么数组中最小的几个元素就会排好序。如果你把 sort 的递归调用限制在 3 层，那么运行程序后，数组的前三个元素是排好序的，而且它们是数组中最小的三个元素。

显然，用递推实现递归版的代码没什么实际意义，而且还需转译两个递归函数，所以，用 Stack<E> 替代调用栈的递推版就免了。

冒泡排序

说真的，与其叫"冒泡排序"还真不如叫"梳子排序"。冒泡排序的原理是：用一对嵌套循环，外层循环执行一次叫"一趟"，内层循环就像一把梳子，每次把这趟里最大的一个元素"梳"到最后。也就是说，冒泡排序执行几趟，就有几个最大的元素按顺序排在了最后。

因为内层循环在梳理元素的时候可能会移动多个不同的元素，所以，冒泡排序也是个不稳定的排序算法。代码如下：

```
public class BubbleSort {
    public static void main(String[] args) {
        int[] a1 = {4, 3, 2, 1}, a2 = {4, 3, 2, 1};
        bubbleSort(a1);
        sort(a2, a2.length - 1);
    }

    // 交换元素位置
    public static void swap(int[] a, int li, int hi) {
        int temp = a[li]; a[li] = a[hi]; a[hi] = temp;
    }

    // 递推版
    public static void bubbleSort(int[] a) {
        for (var hi = a.length - 1; hi >= 0; hi--)
            for (var li = 0; li < hi; li++)
                if (a[li] > a[hi]) swap(a, li, hi);
    }

    // 递归版（由以下两个函数配合而成）
    public static void bubble(int[] a, int i) {
        if (i == 0) return;
        bubble(a, i - 1);
        if (a[i] < a[i - 1]) swap(a, i, i - 1);
    }

    public static void sort(int[] a, int i) {
        if (i == 0) return;
        bubble(a, i);
        sort(a, i - 1);
    }
}
```

　　对比选择排序，冒泡排序的外层循环是从后向前推进的，内层循环则每次都是从头开始。递归版中，bubble 函数负责将某段中的最大元素放置在这段的末尾，而 sort 函数则负责从后向前逐渐缩短需要被梳理的子段，每梳理一次，这段中最大的元素就被放置在了正确的位置。值得注意的是 bubble 与 sort 这两个函数的配合——排序的实质工作是由 bubble 函数完成的，sort 函数只是以恰当的顺序不断地调用了 bubble 函数，而这个"恰当的顺序"是靠 sort 函数对自己的递归调用完成的。这种模式（pattern）很重要，在后面的"快速排序"（quicksort）里还会遇到，建议大家先在这里把它搞清楚。

插入排序

插入排序是三个经典 O(n^2)排序中代码最复杂的一个，为了能够帮助你更好地理解它的原理，我们先把代码写出来：

```java
public class InsertionSort {
    public static void main(String[] args) {
        int[] a1 = {4, 3, 3, 2, 1};
        insertionSort(a1);
    }

    // 递推版
    public static void insertionSort(int[] a) {
        for (var hi = 1; hi < a.length; hi++) {
            int val = a[hi], li = 0, i = hi;
            while (li < hi && a[li] < val) li++;
            while (i-- > li) a[i + 1] = a[i];
            a[li] = val;
        }
    }
}
```

可以看到，它由两个内层的 while 循环（两个 while 循环是同级别的、不嵌套）和一个外层的 for 循环组成。外层的 for 循环以循环变量 hi 来标记数组从头到 hi 处的一段。我们把放在段尾（也就是 hi 处）的值"拎出来"、保存在变量 val 里。然后，用第一个 while 循环把循环变量 li 推到第一个大于或等于 val 的值所在的位置（li 最多与 hi 重合），这时，相当于 li 以左的值（如果有）就都比 val 小。接着，我们用第二个 while 循环把从 li 到 hi - 1 的一段整体向右平移一个元素，这相当于在 li 处为 val 值留出一个"空档"来。最后，我们把 val 值放在 li 处，这就完成了一趟插入。外层 for 循环的循环变量 hi 每"++"一次，都会"吃进"一个新的待插入元素，而这个元素之前的一段元素则已经是排好序的。当外层 for 循环结束的时候，整个数组就排好序了。

因为插入排序每趟只有被插入的元素会产生跳跃，其他需要移动的元素都是整段平移，所以，插入排序是一个稳定的排序。鉴于插入排序的递归版代码实在不够优雅，我们就不实现它了。

以空间换时间：归并排序

在设计算法的时候，你经常会发现，适当地添加辅助内存空间能够减少重复的运算，从而提高算法的效率。比如，使用缓存记录子问题的最优解可以避免对子问题的重复计算，从而提高递归式动态规划代码的效率。在这一节里，我们来学习一个使用了辅助内存的排序算法——归并排序（mergesort）。当然了，（内存）空间也是一种成本，所以，在设计一个算法的时候，我们要同时考虑它的空间复杂度和时间复杂度，然后评估计算机的内存是否允许这样的空间复杂度以及这样的时间复杂度能否在允许的时间内产出结果。

归并排序的原理十分简单：假设数组上从 li 到 hi 的一段上，li 到 mi 是已经排好序的，mi + 1 到 hi 也是排好序的（mi 介于 li 和 hi 之间），那么，将 li 到 mi 与 mi + 1 到 hi 两段归并（merger，即合并）到一起，那么从 li 到 hi 这一整段就也是排好序的了。例如，数组 int[] a = {1, 3, 5, 2, 4, 6, -1}，把 a[0]到 a[5]视为一段，那么 a[0]到 a[2]是排好序的（1、3、5），a[3]到 a[5]也是排好序的（2、4、6），如果把这两个子段归并到一起，那么从 a[0]到 a[5]就也是排好序的，整个数组看起来就是{1, 2, 3, 4, 5, 6, -1}。注意，做归并的时候，我们只关心段内的数据。而且，mi 并不一定非得是一段数据的正中，只要由它分开的左右两段都是排好序的就行。

用于归并的逻辑可以实现如下：

```
public static void merge(int[] a, int[] b, int li, int mi, int hi) {
    for (int i = li, p = li, q = mi + 1; i <= hi; i++)
        if (p <= li && q <= hi)
            b[i] = a[p] < a[q] ? a[p++] : a[q++];
        else if (p > mi)
            b[i] = a[q++];
        else if (q > hi)  // if 可省
            b[i] = a[p++];

    for (int i = li; i <= hi; i++) a[i] = b[i]; // 或调用 arraycopy
}
```

merge 函数，参数 int[] a 引用的是待归并的数组，而参数 int[] b 则引用着一个与 a 等长的、起辅助作用的数组。归并的时候，我们把 b 所引用的数组当作目标，把数据先归并过去，然后再 copy 回由 a 引用的数组里。另外，独处一行的后置"++"操作看起来很突兀，啰嗦又不美观，于是我把它们都压缩到赋值语句里去了。

有了归并函数，归并排序就已经完成了一大半，剩下的就是选择用递推的方式还是递归的方式来完成对整个数组的分段与归并。递推方式的原理是：先把整个数组视为两个元素一段，然后对每段进行归并；再把数组视为四个元素一段，对每段进行归并……每推进一轮，段长翻倍，直到段长的一半大于数组长度。代码如下：

```
public static void sort(int[] a) {
    var b = new int[a.length];
    for (var halfSegLen = 1; halfSegLen < a.length; halfSegLen *= 2) {
        for (var li = 0; li < a.length; li += halfSegLen * 2) {
```

```
            int mi = li + halfSegLen - 1, hi = li + halfSegLen * 2 - 1;
            if (mi > a.length - 1) break;
            if (hi > a.length - 1) hi = a.length - 1;
            merge(a, b, li, mi, hi);
        }
    }
}
```

递归版的代码则是应用了"分治法"（divide and conquer, D&C）的典型，它的原理是：把某段数组从中间分为两段，先对左边一段进行排序，再对右边一段进行排序，然后把左右两段归并起来，当然了，对左右两段的排序用的也是归并排序，这样，一个递归调用就形成了。代码如下：

```
// 包装器
public static void sort(int[] a) {
    var b = new int[a.length];
    sort(a, b, 0, a.length - 1);
}

// 核心算法（建议用 private 修饰）
public static void sort(int[] a, int[] b, int li, int hi) {
    if (li == hi) return;
    var mi = li + (hi - li) / 2;
    sort(a, b, li, mi);
    sort(a, b, mi + 1, hi);
    merge(a, b, li, mi, hi);
}
```

如果你 debug 一下归并排序的代码，把每个元素在数组中的移动轨迹都画出来，你会发现——虽然元素从初始的位置到最终该去的位置不是"一步到位"（能让每个元素都一步到位的是"魔法"而不是"算法"），但元素总是向着该去的方向移动，而不是像 $O(n^2)$ 的算法那样来回跳跃。正是因为省去了来回跳跃的重复操作，归并排序的效率也提高到了 $O(n\log n)$。（注：话说回来，假设我们明确地知道数据的取值范围，而且取值范围不是很大，还真就有一种算法可以做到用 $O(n)$ 的时间和空间进行排序，你知道是哪种算法吗？）

看运气的快速排序

既然让排序提速的秘诀是不重复移动元素，那么有没有什么办法既不重复移动元素，又不使用辅助内存呢？答案是，有的！而且不止一种。在这一节里，我们先来看看大名鼎鼎的"快速排序"（quicksort）。

CHAP04

中国有句古话，叫"盛名之下，其实难副"，"快速排序"就是一个典型。为什么这么说呢？之所以叫"快速排序"，是因为相对于那些 O(n^2)时间复杂度的算法而言它的确快，它的时间复杂度与归并排序一样，是 O(nlogn)。但较之归并排序，它又不需要额外的辅助内存，所以自然受人欢迎、声名远扬。但问题是，它的"快速"是有条件的——在最坏的情况下，它的时间复杂度竟然是 O(n^2)！这到底是怎么回事呢？

快速排序的思想其实很简单：在待排序的数组上取一段，把这段的第一个元素当作支点值（pivot）值，然后想办法把这段中所有小于支点值的元素都挪到支点值的左边，把所有大于支点值的元素都挪到支点值的右边，这样，支点值就处在了它最终该在的位置——这一步称为"分区"（partition）。然后，把支点值以左的元素和支点值以右的元素各看作一段，继续（递归地）进行分区操作，直到再没有更小的段可以操作。这样，被选取的这段就排好序了。当然了，如果你选取的这段是整个数组，那么这个数组就排好序了。

代码也特别简单：

```java
public class Main {
    public static void main(String[] args) {
        int[] a = {3, 2, 1, 1, 2, 3};
        sort(a, 0, a.length - 1); // {1, 1, 2, 2, 3, 3}
    }

    public static void swap(int[] a, int li, int hi) {
        var temp = a[li]; a[li] = a[hi]; a[hi] = temp;
    }

    public static int partition(int[] a, int li, int hi) {
        if (li > hi) return -1;
        if (li == hi) return li;
        int p = li + 1, q = hi;
        while (true) {
            while (p < q && a[p] < a[li]) p++;
            while (p < q && a[q] >= a[li]) q--;
            if (p == q) break;
            swap(a, p, q);
        }

        int pivotAt = a[p] < a[li] ? p : p - 1;
        swap(a, li, pivotAt); // 把支点值调换到该去的位置
        return pivotAt;
    }

    public static void sort(int[] a, int li, int hi) {
        var pivotAt = partition(a, li, hi);
        if (pivotAt == -1) return;
```

```
            sort(a, li, pivotAt - 1);
            sort(a, pivotAt + 1, hi);
        }
    }
```

显然，快速排序是基于"分治法"的。"分治法"里的"分"（divide）指的是把当前被处理的数据集分割为若干子集——子集之间没有交集；而"治"（conquer）指的则是用某种逻辑去处理每个被切分出来的子集。"分治法"和"二分法"里都有个"分"字，但它们并不完全相同。"分治法"里的"分"是一个比较宽泛的概念，只要数据集被切分了就算，至于是被切分成了两个子集还是多个子集、每个子集的大小是不是均等……这些都不做要求。而"二分法"里的"分"则暗含了"等分"的意思，所以，"二分法"一般都是将数据二等分的。拿快速排序来说，它的"治"体现在 partition 函数里，而它的"分"则体现在 sort 函数里，在切分数据的时候，它实际上是把数据切成了三份——已经在正确位置上的支点值、支点值以左的部分、支点值以右的部分，而且，我们也无法保证支点值左右两边的部分大小相等。正因为我们无法保证支点值左右两部分大小相等，所以快速排序也不能保证总是能以 O(nlogn) 的效率完成运算。当待排序的数据随机性比较好的时候，快速排序的效率能达到 O(nlogn)，因为比支点值大的值和比支点值小的值个数差不多。但如果待排序的数据本身就是排好序的——无论是升序还是降序——那么快速排序的效率就降到了 O(n^2)，并且还有调用栈溢出的风险。至于如何去避免这些风险，人们已经找出了很多行之有效的办法，不过，那就是另外的故事了。

既然递归版的快速排序有调用栈溢出的风险，那不妨用 Stack<E> 数据结构代替调用栈、保留快速排序"分治法"的递归思想但用递推（循环）代码来实现之：

```
public static void sort(int[] a) {
    var stack = new Stack<Integer>();
    stack.push(0);
    stack.push(a.length - 1);
    while (!stack.isEmpty()) {
        int hi = stack.pop(), li = stack.pop();
        int pivotAt = partition(a, li, hi);
        if (pivotAt == -1) continue;
        stack.push(li);
        stack.push(pivotAt - 1);
        stack.push(pivotAt + 1);
        stack.push(hi);
    }
}

// 另一版 partition 代码，来源于《算法导论》
public static int partition(int[] a, int li, int hi) {
    if (li > hi) return -1;
```

```
int pivot = a[hi], slow = li - 1;
for (int fast = li; fast < hi; fast++) {
    if (a[fast] > pivot) continue;
    swap(a, ++slow, fast);
}

int pivotAt = slow + 1;
swap(a, pivotAt, hi);
return pivotAt;
}
```

实现这版代码的时候别忘了栈的"后进先出"规律，不要把 li 和 hi 的值搞反了。当然了，你也可以用一个双元素的 int[]或者自定义一个类来存储 li 和 hi 的值，但总归性能上会有点儿浪费。

两全其美：堆排序

那么，有没有一种排序算法，既不需要辅助空间，也不用"看运气"就能达到 O(nlogn) 的时间复杂度呢？有！它就是我们这节要研习的"堆排序"（heapsort）。

什么是"堆"

既然叫"堆排序"，那么就必然要先了解一下什么是"堆"（heap）。"堆"到底是不是个数据结构，这个界线是比较模糊的，往往要根据上下文来确定。当我们说"堆排序"的时候，实际上指的是把待排序的数组"看作"一个堆，然后利用堆里元素之间的关系来进行排序——并非"用堆给数组排序"的意思。而当我们说"优先队列（priority queue）实际上就是个堆"的时候，这里的"堆"指的就是数据结构了，因为除了内部的数据，它还有一系列专属的 API。

"堆"这个数据结构的核心是一个"堆化"了的数组。所谓"堆化了的数组"指的就是：
- 忽略数组的第一个元素（即索引为 0 的元素）。
- 从索引为 1 的元素开始，把每个元素都看作是二叉树上的一个结点。
- 父子结点之间的关系是：
  - 当父结点的索引为 i 时，左孩子的索引为 i * 2，右孩子的索引为 i * 2 + 1。
  - 当子结点的索引为 i 时，无论它是左孩子还是右孩子，父结点的索引均为 i / 2。
- 可以把堆视为一棵"完全二叉树"（complete binary tree），而数组则是这棵完全二叉树逐层（即广度优先）访问所产生的串行化结果。

- 当约束了父子结点之间的大小关系后，我们能得到两种很重要的堆：
  - 大根堆（max-heap）：任何一个父结点的值都比其子结点（如果有）的值大一主要应用于堆排序。
  - 小根堆（min-heap）：任何一个父结点的值都比其子结点（如果有）的值小一主要应用于优先队列。

个人感觉，前人把 max-heap 和 min-heap 译为"大根堆"和"小根堆"十分地形象，比译为"最大堆"和"最小堆"要强多了。以下就是一个蕴含了大根堆的数组和一个蕴含了小根堆的数组：

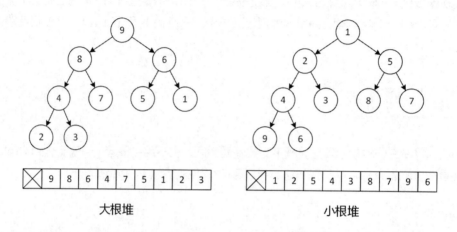

大根堆   小根堆

关于"大根堆"和"小根堆"，这里有几个初学者容易忽略的地方：

（1）排好升/降序的数组是小/大根堆，但小/大根堆化的数组不一定是排好升/降序的。

（2）大根堆的根一定是数组的最大值，而且是数组索引为 1 的元素。

（3）小根堆的根一定是数组的最小值，而且是数组索引为 1 的元素。

（4）大/小根堆只是约束了父结点与子结点之间的大小关系，左右两个孩子之间的大小关系并不固定。

（5）不要把大/小根堆与搜索二叉树（binary search tree, BST）搞混了，它们完全没关系。

构建大/小根堆

任何一个数组，如果放弃第一个元素，都可以看成是一个堆——但它不一定是大/小根堆。如果想把一个杂乱无章的堆整理成大/小根堆（注：这个过程称为"堆化"），我们只需要做两件事情：

（1）写一个算法，能够把较大/小的元素从根向叶子"下沉"（sink）。

（2）以从尾到头的顺序，把数组里的每个元素"下沉"一遍。

如果下沉的是较小的元素，那么最终我们得到的是一个大根堆，反之则得到的是一个小根堆。用于下沉元素的函数递推版代码如下：

```
public static void swap(int[] a, int li, int hi) {
    var temp = a[li]; a[li] = a[hi]; a[hi] = temp;
}

public static void sinkSmall(int[] a, int i, int end) {
    while (i <= end) {
        int lci = i * 2, rci = i * 2 + 1, lvi = i;
        if (lci <= end && a[lci] > a[lvi]) lvi = lci;
        if (rci <= end && a[rci] > a[lvi]) lvi = rci;
        if (lvi == i) break;
        swap(a, i, lvi);
        i = lvi;
    }
}

public static void sinkLarge(int[] a, int i, int end) {
    while (i <= end) {
        int lci = i * 2, rci = i * 2 + 1, svi = i;
        if (lci <= end && a[lci] < a[svi]) svi = lci;
        if (rci <= end && a[rci] < a[svi]) svi = rci;
        if (svi == i) break;
        swap(a, i, svi);
        i = svi;
    }
}
```

代码中，lci、rci、lvi 和 svi 分别是 left child index、right child index、large value index 和 small value index 的缩写。下沉函数还可以安全地转换为递归版——因为父子结点索引值乘 2 的关系的存在，即便是海量的数据堆的高度也不会太大（堆的数据容量是相当大的），所以，不用担心调用栈会溢出：

```
public static void swap(int[] a, int li, int hi) {
    var temp = a[li]; a[li] = a[hi]; a[hi] = temp;
}

public static void sinkSmall(int[] a, int i, int end) {
    int lci = i * 2, rci = i * 2 + 1, lvi = i;
    if (lci <= end && a[lci] > a[lvi]) lvi = lci;
    if (rci <= end && a[rci] > a[lvi]) lvi = rci;
    if (lvi == i) return;
    swap(a, i, lvi);
    sinkSmall(a, lvi, end);
```

CHAP04

```
}

public static void sinkLarge(int[] a, int i, int end) {
    int lci = i * 2, rci = i * 2 + 1, svi = i;
    if (lci <= end && a[lci] < a[svi]) svi = lci;
    if (rci <= end && a[rci] < a[svi]) svi = rci;
    if (svi == i) return;
    swap(a, i, svi);
    sinkLarge(a, svi, end);
}
```

在很多书籍里，sinkSmall 和 sinkLarge 函数也被称为"heapify"函数，但这个名字听起来多少有点儿误导——让人以为调用一下这个函数数组就被堆化了。其实，下沉函数每调用一次只能把一个元素沉降到它该去的位置。换句话说，"heapify"这个单词的含义是：对于一个已经成形的堆，当它的根元素发生变化时，我们可以调用这个函数把新的根元素沉降到它该去的位置，从而恢复和维护堆的属性。

如果想把整个数组转化成一个大/小根堆，那就需要对每个元素都调用一次下沉函数——而且必须按从尾到头（即从叶子到根）的顺序——这一过程也称为"自底向上构建堆"。当然了，如果你的数学常识足够牢固，你会发现数组的后一半元素肯定都是叶子元素，所以从数组的中点向前扫描也是完全可以的。这一点很好证明：堆上"最后一片叶子"一定是数组的最后一个元素，假设最后一个元素的索引是 n，那么按照父子结点索引值的关系，它的父结点，也就是最后一个有叶子的结点，索引值是 n/2。

自底向上构建堆的代码实现如下：

```
public static void buildMaxHeap(int[] a) {
    var end = a.length - 1;
    for (var i = end / 2; i >= 1; i--)
        sinkSmall(a, i, end);
}

public static void buildMinHeap(int[] a) {
    var end = a.length - 1;
    for (var i = end / 2; i >= 1; i--)
        sinkLarge(a, i, end);
}
```

我们可以简单地测试一下这两个函数。准备两个数组，int[] a = {0, 1, 2, 3, 4, 5, 6, 7}和 int[] b = {0, 7, 6, 5, 4, 3, 2, 1}。在 a 上调用 buildMinHeap，数组里的值没有改变，因为它已经是一个小根堆了，然后再在 a 上调用 buildMaxHeap，数组里的值变为{7, 5, 6, 4, 2, 1, 3}。同理，在 b 上调用 buildMaxHeap，数组里的值不会改变，因为此时的数组已经是一个大根堆了，然后再在 b 上调用 buildMinHeap，数组中的值变为{1, 3, 2, 4, 6, 7, 5}。

利用"大根堆"进行原地排序

当我们手里有了一个大根堆，并且能够使用 sinkSmall 函数不断"修复"这个大根堆后，我们就可以对容纳这个大根堆的数组进行原地排序了。所谓"原地排序"指的就是直接在待排序的数组上进行操作，而不需要辅助空间。因此，快速排序也是原地排序，而归并排序则不是原地排序。

因为大根堆的根一定是堆内最大的元素，而且它一定是处在数组索引为 1 的位置上，所以，堆排序的思想就是：把索引为 1 的元素与数组上成堆段的最后一个元素对调，同时将成堆段的长度缩短 1；此时，数组成堆段中最大的元素就挪到了该去的位置，但因为我们把一个较小的元素放在了堆的根上（索引为 1 的位置），堆的属性已经被破坏了，所以我们需要调用 sinkSmall 函数修复我们的堆；重复这两个操作并不断地缩短数组的成堆段，直到索引值为 1 的元素，整个数组就排好序了。（注："成堆段"指的是数组上从索引值为 1 到索引值为 n 的一段符合大/小根堆的属性。）

于是，我们的 sort 函数可以写成：

```
public static void sort(int[] a) {
    buildMaxHeap(a); // 自底向上建堆
    var end = a.length - 1;
    while (end > 1) {
        swap(a, 1, end--); // 调换值，并缩短成堆段
        sinkSmall(a, 1, end); // 修复堆
    }
}
```

利用"小根堆"生成升序数组

如果把前一小节中 sort 函数里的 buildMaxHeap 替换成 buildMinHeap，保持循环逻辑不变，并不断用 sinkLarge 来修复堆，那么我们能在原地得到一个降序排序的数组。如果想得到一个升序排序的数组，我们就需要一个额外存放结果的数组，代码如下：

```
public static int[] sort(int[] a) {
    buildMinHeap(a);
    var end = a.length - 1;
    var res = new int[a.length - 1];
    while (end >= 1) {
        res[res.length - end] = a[1];
        a[1] = a[end--];
        sinkLarge(a, 1, end);
    }
```

```
        return res;
    }
```

思考题

如果给你一个 liftSmall 函数，它可以把给定索引上的元素"上浮"到小根堆中正确的位置：

```
public static void liftSmall(int[] a, int i) {
    while (i > 1) {
        if (a[i] < a[i / 2]) {
            swap(a, i / 2, i);
            i /= 2;
        }
    }
}
```

你能否结合本节关于"小根堆"的内容实现一个简单的、拥有 offer 和 poll 方法的优先队列类 PriorityQueue？

05

查找：来而不往非礼也

有一种天体叫"黑洞"（black hole），把任何物质放进这种天体里都别再想取出来——甚至连光都不例外，所以从外界观察它的时候它才表现为黑色的。倘若有这么一种数据结构，把任何数据放进去都别再想取出来……那简直是不敢想象的。别说是任何数据，哪怕有一个数据放进去后没办法再取出来，恐怕都没人敢使用这个数据结构。换句话说，放进数据结构里的数据是必须能够再取出来的。数据能被取出的前提是它能够被找到，而在数据结构中搜寻目标数据的过程就叫做"查找"（search）。当然了，译为"搜索"也没有问题，但"搜索"这个词多被用于软件工程方面，而传统的译法一直都是"查找"。也有译为"检索"的，但"检索"这个词多与 index 对应，所以，我们还是译为"查找"吧。

数据结构经常被看做是一个数据的容器，对于容器里数据的操作一般只有四种，分别是：

- 增（create）：添加数据，包括向某个位置插入元素，以及批量添加/插入等。
- 删（delete）：移除数据，包括移除某个元素或者某个位置上的元素，以及批量移除及清空等。
- 查（read）：访问数据，包括提取数据或探测数据是否存在等。
- 改（update）：修改数据，包括直接修改某个元素或者修改某个位置上的元素等。

英文中习惯上把这四种操作的首字母拼写成一个单词：CRUD。如果细心观察，你会发现查找操作远比其他三种操作要频繁——增添数据之前可能需要先查找一下，看看是否有潜在的冲突与重复；删除和修改之前一定要看看数据是否存在，存在的话在哪里。所以，查找算法的性能会直接影响其他操作的性能，这就是为什么我们需要特别关注这个算法。

对于一组没有规律的数据，从中查找某个数据的办法只有一个，那就是遍历（即穷举）。如果对某个数据结构的查找是一次性的，那么遍历一次也无妨，但如果需要对这个数据结构进行多次查找，那就必须想办法提高查找算法的性能——排序就是一个非常好的选择。拿数组举例，对于一个长度为 n 的未排序数组来说，查找元素的时间复杂度是 O(n)，而对数组排序的时间复杂度是 O(nlogn)，之后再查找元素的时候就可以使用"二分法"，而"二分法"的时间复杂度只有 O(lgn)。如果进行 n 次查找的话，那么在未排序数组上的时间复杂度就成了 O(n*n) = O(n^2)，而在排序的数组上则是 O(nlogn) + n*O(logn) = O(nlogn)，性能的差别是巨大的。

排序可以提高查找的效率，但提高查找的效率不一定非排序不可——我们还有很多功能强大的数据结构可以选择，比如二叉搜索树（binary search tree）、指状树（splay tree）、字典（dictionary）、集合（set）、并查集（union-find）、线段树（segment tree）、字典树（trie）等。

在本章中，我们先来体验"二分查找"的便捷与快速，然后介绍两个树状的查找型数据结构——线段树和字典树，最后，为了给下一章的图算法做铺垫，我们再来学习一下专门用来查找元素间从属关系的数据结构——并查集。

众多数据结构中，字典和自平衡搜索二叉树可以称得上是最精妙的两个，只是囿于本书的篇幅和方向，不能把它们展现出来。十分推荐大家能够像对待工艺品一样把它们亲手实现一下，你一定会从中学习到很多算法方面的精髓。这方面的著作很多，仍然是首推《算法》和《算法导论》。阅读它们的时候，请注意区分这两本书在细节上的差异。

二分查找

二分查找（binary search）的原理十分简单：当我们在一组数据中查看是否包含某个值 t 的时候，可以从这组数据中先取出一个值 v，然后把比 v 小的值划为一组、把比 v 大的值也划为一组；如果 v 正好等于 t，那么就宣布找到，否则，如果 t 比 v 小，那么就抛弃值比 v 大的一组、去值比 v 小的组里继续找，反之如果 t 比 v 大，那么就抛弃值比 v 小的一组、去值比 v 大的一组里找——重复上面的操作，直到找到目标值 t 或者数组分组为空（t 不存在）。显然，如果能做到以下两点，那么二分查找将会非常快：

（1）每次从数据集里提取出来的值都是数据集的中间值（至少近似）。

（2）数据集里的数据可以快速地被划分比中间值小的一组和比中间值大的一组。

如果能做到这两点，那么在查找目标值的时候，每次都可以抛弃一半不可能包含目标值的数据，因此，二分查找算法的时间复杂度就能提高到 O(lgn)。一般情况下，当我们说"二分查找"的时候，默认指的就是能满足这两点的、O(lgn)时间复杂度的二分查找。同时，我们还要尽量避免在不能满足这两点的数据集上进行二分查找的操作。

那么，什么样的数据集能够满足这两点要求呢？一种是排好序的、有索引的数据，比如排好序的数组、排好序的 ArrayList<E>——有索引可以让我们方便地找到某一段上的中点

（也就是中间值），排好序使得中点左边的值都比中点值小，而中点右边的值都比中点值大；
另一种是平衡的二叉搜索树——对于任何一棵子树来说，它的根都是中间值，根的左子树上
的值都比根的值小，根的右子树上的值都比根的值大，而且左子树与右子树上的结点数大致
相等。

在已排序的数组上

在面试和竞赛解题的时候，我们常说"排序与二分查找是一对"，所以，当数据规模没
有大到不允许先排序的时候，思路上肯定会先尝试一下"排序+二分"的。道理很简单，一
次 O(nlogn) 的排序之后，再多次的 O(logn) 的二分查找也不会拖慢太多性能。

当一个数组已经排好序后（注：排序默认就是增序），在上面用二分法查找一个值是否
存在的递推式代码如下：

```java
public static int search(int[] a, int target) {
    if (a == null || a.length == 0) return -1;
    int li = 0, hi = a.length - 1;
    while (li <= hi) {
        int mi = li + (hi - li) / 2;
        if (a[mi] > target) hi = mi - 1;
        else if (a[mi] < target) li = mi + 1;
        else return mi; // a[mi] == target
    }

    return -1;
}
```

当目标值存在的时候，我们返回它在数组上的索引，否则就返回-1。值得注意的是，对
于 C 系语言来说，-1 是个不存在的数组索引，但对于 Python、PowerShell 等语言来说，-1
则表示的是最后一个元素的索引。所以，虽然说"算法（思想）是独立于任何编程语言的"，
但实现一个算法的时候，还是要考虑手中工具的工程性细节的。

使用递归式代码，我们一样可以实现"每次丢一半"的二分查找：

```java
public static int search(int[] a, int li, int hi, int target) {
    if (li > hi) return -1;
    int mi = li + (hi - li) / 2;
    if (a[mi] > target) return search(a, li, mi - 1, target);
    if (a[mi] < target) return search(a, mi + 1, hi, target);
    return mi;
}
```

因为每层递归我们取的都是被查找子段上的中点，所以，递归的深度不会超过 logn。

即便是超大的数据规模，logn 也不会很大，所以，对于二分查找来说，我们可以放心地使用递归而不用担心调用栈溢出的问题。

在平衡二叉搜索树上

不知你是否还记得我们早在第 01 章里就构建出来的这棵树：

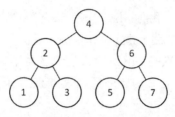

它是一棵"二叉搜索树"（binary search tree，BST，别问我为什么在这里又译为"搜索"而不是"查找"，应该是押韵的问题）。二叉搜索树的属性想必大家已经熟知——对于任何一个结点r来说，其左子树上结点的值都比r的值小，其右子树上结点的值都比r的值大（注：空结点、空子树除外）。这棵树不但是二叉搜索树，而且还是棵平衡（balanced）的二叉搜索树。所谓"平衡"，指的是对于任何一个结点来说，它的左右两个子树上的结点个数都大致相等。为什么是"大致相等"呢？因为除非树上的结点个数是2^n-1，不然根本不可能做到绝对平衡——比如4个结点，你如何让它绝对平衡？

关于"大致平衡"，不同的二叉搜索树实现方法有着不同的定义。比如，红黑树(red-black tree）靠左右子树上黑色结点的个数来判定是否平衡；AVL 树（Adelson-Velsky and Landis tree）是靠左右子树的树高来判定是否平衡，等等。红黑树和 AVL 树都是"自平衡二叉搜索树"，就是说，当我们向这两种数据结构中不停地添加或者删除元素的时候，它们能够通过精巧的内部算法来维持树的大致平衡。我十分建议大家能够亲手实现一下红黑树和 AVL 树，它们的内部算法（即树的旋转）真的是很美、很精巧、很有禅意。实现自平衡二叉树是一种磨炼，对编程能力有极大的提升——它们并不难，但需要比较大的耐心与细心，这正是程序员不可或缺的软实力。

为什么"平衡"如此重要呢？因为如果一棵二叉搜索树不平衡的话，我们的二分查找就不能达到"每次抛弃一半不合理数据"的目标，也就不可能达到 O(logn)的性能。比如，我们很容易构建出一棵不平衡的二叉搜索树来——让一棵二叉搜索树上的结点都只有左孩子，而且每个左孩子的值都比父结点的值小；或者让一棵二叉搜索树上的结点都只有右孩子，而且每个右孩子的值都比父结点的值大——它们仍然满足二叉搜索树的定义，但在它们上面做二分查找，性能却又回落到 O(n)——相当于从头到尾迭代一遍。

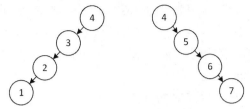

不平衡的二叉搜索树

当我们手中有一棵二叉搜索树的时候，我们就可以使用下面的递推和递归代码来查找目标值了。但与数组不同，数上的结点是没有索引的，所以，我们的查找结果只可能是 true 或 false 这两个值，表示找到了或者目标值不存在：

```java
// 递推版
public static boolean search(Node root, int target) {
    if (root == null) return false;
    while (root != null) {
        if (root.val > target) root = root.left;
        else if (root.val < target) root = root.right;
        else return true; // found
    }

    return false;
}
// 递归版：小心不平衡二叉搜索树带来的调用栈溢出风险
public static boolean search(Node root, int target) {
    if (root == null) return false;
    if (root.val > target) return search(root.left, target);
    if (root.val < target) return search(root.right, target);
    return true;
}
```

线段树：化繁为简

耐心是一种美德。我们之所以有时候会失去耐心是因为经常被要求做一些价值不高的重复工作，这种情况下，与其失去耐心，不如开动智慧、改善工作流程——想想有没有什么一劳永逸的办法可以减少重复劳动、提高工作效率。比如，我们在学习动态规划的时候引入了"缓存"这个概念，它就可以很好地避免重复计算子问题。缓存的原理是：只要某个事情做过一遍，我就记住它的结果，下次再让我做完全一样的事情，我就把结果直接告诉你。但"重复劳动"还有另外一种情况，那就是：每次要做的事情都差不多、但条件不完全一样，这时候缓存就力不从心了。

举个例子：给定一个数组，值是随机的且没有排序，我需要频繁地查询数组上子段的和，比如"从索引 1 到索引 3 的和"、"从索引 2 到索引 6 的和"等。如果我们每次都去计算，那么性能是很低的。但使用缓存的话，"命中率"又可能很低——比如我每次查询的子段都不一样，那么缓存命中率就成了 0。

数组的"子段和"是一个可归并的统计值。所谓"可归并"指的是把相邻两个子段合并成一个新的子段的话，新子段的和就是之前两个子段和的和——我们不必重新计算。类似的统计值还有最大值、最小值。只要有子段和，平均值也不是问题。但像中位数、方差等统计值，它们就不能简单归并，当两个相邻子段合并的时候，这些值也要重新计算。当我们需要在一个数组上频繁查询子段的可归并的统计值时，"线段数"将为我们带来极大的便利。

"线段树"（segment tree），乍听起来像是计算几何学中的东西，其实完全是译法的问题。Segment 这个词，指的就是数组上的子段，其实译作"片段树"会更直白一些（注：译作"段树"不好听，译做"子段树"有失偏颇，毕竟英文中没有 sub-词根）。估计当初的译者是采纳了 segment 这个词的"线段"这个译文——如果把数组里的值看做是 x 轴上的点，那么两个值之间的子段称为"线段"似乎也不能算错。

那么，什么是线段树呢？与其他数据结构不同，线段树是一个实践性很强的数据结构，所以，单纯地介绍它的原理多半会让人感觉云里雾里。因此，我们将从"构建"和"查询"两个方面来了解它，也就是从实践入手——先编程、后讲道理。

构建线段树

让我们以数组 int[] a = {20, 50, 30, 40, 10, 60};为例来构建我们的线段树。

首先，我们来声明线段树的结点类 Segment：

```
public class Segment {
    public int from;
    public int to;
    public int sum;
    public Segment left;
    public Segment right;

    public Segment(int from, int to, int sum, Segment left, Segment right) {
        this.from = from;
        this.to = to;
        this.sum = sum;
        this.left = left;
        this.right = right;
    }
}
```

这个结点类很直白——三个字段分别记录了数组上某个子段的起止索引与子段和，这个子段由它的左右两个孩子合并而来，一个构建器可以帮助我们为这五个字段设置初始值。

有了结点类，我们就可以把数组构建成线段树了。构建线段树的时候一定是自底向上的，但我们可以选择是用递推来实现还是用递归来实现。咱们先来看递推的代码（有没有感觉它带着递推版归并排序的味道？）：

```java
public static Segment buildTree(int[] a) {
    var nodes = new ArrayList<Segment>();
    for (int i = 0; i < a.length; i++) // 构建最底层
        nodes.add(new Segment(i, i, a[i], null, null));

    while (nodes.size() > 1) {
        var temp = new ArrayList<Segment>();
        for (int i = 0; i < nodes.size(); i += 2) {
            if (i + 1 == nodes.size()) {
                temp.add(nodes.get(i));
            } else {
                Segment left = nodes.get(i), right = nodes.get(i + 1);
                temp.add(new Segment(left.from, right.to, left.sum + right.sum, left, right));
            }
        }

        nodes = temp;
    }

    return nodes.get(0);
}
```

代码的逻辑是：先把每个元素都看成是一个子段——起止都是它自己的索引、子段和是它自己的值——这样构建起线段树的最底层，也就是叶子层；然后用两两合并的办法构建更上一层，直到被构建出来的新层里只有一个结点，这个结点就是整个线段树的根结点了。按照这个逻辑，我们构建出来的线段树看起来是这样的：

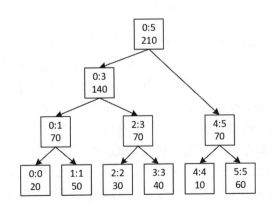

如果转换一下思路——数组上的任意一段都可以视为由其中点分界的左右两个相邻子段合并而来，当我们知道了左右两个子段的和，就可以计算出父段的和（简单相加）。将这个思路加以递归，直到子段里只包含一个元素，我们就得到了构建线段树的递归版实现：

```
public static Segment buildTree(int[] a, int li, int hi) {
    if (li == hi) return new Segment(li, hi, a[li], null, null);
    int mi = li + (hi - li) / 2;
    Segment left = buildTree(a, li, mi), right = buildTree(a, mi + 1, hi);
    return new Segment(li, hi, left.sum + right.sum, left, right);
}
```

有一点需要注意：虽然这一递归版实现使用的也是自底向上来构建线段树，但它的自底向上并不一定和递推版的一样"整齐"，所以，用这版代码构建出来的线段树看起来会是这样：

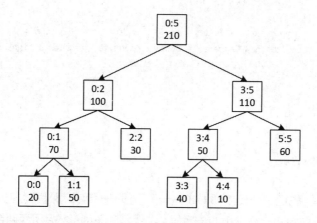

唯独在一种情况下，由递推版代码和递归版代码构建出来的线段树是完全一样的，那就是当数组的长度为 2 的整数次方时。

查询子段和

现在，线段树已经构建出来了，可是我们应该怎么查询呢？比如，我想查询的某个子段在线段树上并没有对应着的结点……其实，在线段树上进行查询的原理很简单：当我们想查询从 li 到 hi 的子段和时，先看看当前结点的 from 和 to 是不是正好对应 li 和 hi，如果是，直接返回结果，如果不是，那就把从 li 到 hi "掰"成两半、分别向当前结点的左右两个孩子查询，然后再把查询出来的和相加。把从 li 到 hi 这一段"掰成两半"是有技巧的。你可能会想："应该会有三种情况呀！一种是这段完全被左孩子所包含，一种是这段完全被右孩子包含，还有一种是这段正好'骑'在左右两个孩子之间……代码应该挺复杂的吧？"其实你想多了！我们只需假设从 li 到 hi 这段就是"骑"在左右两个孩子之间，然后分别向左右两个孩子查询，并且用 0 来代偿不合理的子段就可以了。什么是不合理的子段？当起点索引比终点索引还大时，它就是一个不合理的子段。

所以，用来查询任意子段和的代码是：

```
public static int getSum(Segment seg, int li, int hi) {
    if (li > hi) return 0; // 交错代偿
    if (seg.from == li && seg.to == hi) return seg.sum;
    var leftSum = getSum(seg.left, max(seg.left.from, li), min(seg.left.to, hi));
    var rightSum = getSum(seg.right, max(seg.right.from, li), min(seg.right.to, hi));
    return leftSum + rightSum;
}
```

如下测试我们的代码，会看到两次查询的结果都是 130：

```
public static void main(String[] args) {
    int[] a = {20, 50, 30, 40, 10, 60};
    var root1 = buildTree(a); // 递推版构建
    var root2 = buildTree(a, 0, a.length - 1); // 递归版构建
    System.out.println(getSum(root1, 1, 4));
    System.out.println(getSum(root2, 1, 4));
}
```

显然，在线段树上进行查询最自然的思路是递归的。那么，有没有可能用递推来实现呢？当然可以！

```
public static int getSum(Segment root, int li, int hi) {
    int sum = 0;
    Queue<Segment> segQ = new LinkedList<>();
    Queue<Integer> indexQ = new LinkedList<>();
    segQ.offer(root);
    indexQ.offer(li);
    indexQ.offer(hi);
    while (!segQ.isEmpty()) {
        Segment seg = segQ.poll();
        int subLi = indexQ.poll(), subHi = indexQ.poll();
        if (subLi > subHi) continue;
        if (seg.from == subLi && seg.to == subHi) {
            sum += seg.sum;
        } else {
            segQ.offer(seg.left);
            indexQ.offer(max(seg.left.from, subLi));
            indexQ.offer(min(seg.left.to, subHi));
            segQ.offer(seg.right);
            indexQ.offer(max(seg.right.from, subLi));
            indexQ.offer(min(seg.right.to, subHi));
        }
```

```
    }

    return sum;
}
```

递推版代码的实现思想是：把待查询的线段树结点和目标段起止索引都压到队列里，等把它们从队列里取出来的时候，如果目标段起止索引交错了，那么就放弃这个不合理的子段；如果目标段起止索引与结点的 from 和 to 正好吻合，那就把结点的 sum 累加到累加器上，否则就像递归版一样把目标段"掰"成两段，并分别伴随左右两个孩子压到队列里等待处理。

从这个例子我们可以看出：有些时候递推思想是自然的，那么我们就先实现递推版代码，然后再推导出递归版的代码来；有时候则正好相反——递归思想是自然的，那我们就先实现递归版代码，再用递归版代码来启发递推版的实现。这是一种带有禅意的、平衡的美。

（注：为了让代码更简洁，我添加了这样一个静态导入 import static java.lang.Math.*;，这样 Math.min 和 Math.max 就可以直接写成 min 和 max 了。）

字典树：字母大接龙

让我们来思考这样一个问题：给你一个全小写字母的字符串数组 String[] words = {"hey", "hello", "he", "hell", "help"};，然后问你有没有以"hel"开头的单词，如果有，有几个；还问你，有没有"he"这个单词。当然了，作为一个合格的编程者，当遇到问题的时候，我们要养成合理扩展数据规模的习惯，比如针对这个题，我们需要想到这个字符串数组的长度有可能是 10^5 级的（因为英文单词差不多就是这个数量），而且对单词的查询频度是比较高的。

这个题应该怎么解呢？一个比较直白的做法是：准备一个 HashMap<String,Integer>实例，用于记录具有某个前缀的单词的个数；再准备一个 HashSet<String>实例，用于记录某个单词是否出现过；然后，把单词们逐一放进它们中去。以"hello"为例，我们需要把它的每个前缀都用 substring 方法切出来，然后在字典里进行统计（即为前缀 h、he、hel、hell、hello 各加 1）；还要把它放进集合里，表示"hello"这个单词出现过。

这个解法当然行得通，但它存在两个不大不小的问题：

（1）HashMap<K,V>和 HashSet<E>是两个比较"重"、比较复杂的数据结构，同时也是内存消耗大户。

（2）对每个单词都进行多次 substring，也会产生很多内存垃圾、对性能产生影响。

当然了，这个解法也不是一无是处。比如，两个数据结构都是现成的、经过千锤百炼的，可以放心地拿来用而不用担心出 bug；一旦存储好了，查询起来性能会比较高；如果需要的话，还可以将它们"串行化"（serialize）、保存在文件中，未来可以再通过"反串行化"（deserialize）把它们装载入内存，而不必再处理一遍单词。

现在，假设我们的内存使用条件比较严苛，不允许我们使用这两个复杂厚重的数据结构，那么，有没有一种"轻量级"的数据结构可以实现同样的功能，同时性能又不会太差呢？有！它就是"字典树"（trie）。

你可能会想："字典树？就是用来代替字典、但能像字典一样查询的树咯！"其实不然。字典树是一种树状数据结构，这是肯定的。一般情况下，树上每个结点的孩子要么是固定个数的（比如二叉树固定只有左右两个孩子），要么是一个元素个数不固定的集合，这样一个父结点就有可能有多个孩子结点、形成"多叉树"。字典树的特殊之处就在于——父结点的每个孩子都可以用一个值来索引，就好像把子结点们放在了一个字典里而不是集合里。比如，针对当前这个问题，我们的结点类可以设计成这样：

```
public class Node {
    public int count;
    public boolean isEnd;
    public Node[] children = new Node[26];
}
```

我们用 count 字段来记录有多少个单词"途经"这个结点，用 isEnd 字段来记录这个结点是否为某个单词的最后一个字母，用 Node[]类型的 children 字段当作一个字典——它的长度为 26，分别对应了从 a 到 z 的 26 个字母。当然了，你可以使用 Map<Character,Node> 实例作为 children，但这似乎违背了我们想轻量化的初衷。

有了结点类，我们就可以开始存储和查询单词了。

递推版实现

向字典树里放置单词的办法是（put 函数）：先让引用当前结点的 cur 指向树的根结点，然后依次迭代单词的每个字母，用字母减去字符'a'就可以得到子结点在字典里的索引（注：如果未来单词包含所有 ASCII 编码，那么只需把 children 的长度扩为 256 并且不减'a'、直接拿字符的 ASCII 值作为子结点索引即可），如果子结点尚不存在，那就创建出来，然后将 cur 指向当前字母所对应的结点，并为结点的计数器加 1（注：这句代码 (cur = cur.children[ci]).count++;可以拆成 cur = cur.children[ci]; cur.count++;两句，我有意把它们合并成一句，是为了让你意识到——赋值表达式 cur = cur.children[ci]是有结果值的，而且这个结果值可以直接拿来用。我发现，这个十几年前几乎尽人皆知的小技巧，现在却鲜有人知……）。持续迭代单词直至结束，将 cur 所引用结点的 isEnd 设为 true 即可。

查询有多少单词以某个前缀开头（startsWith 函数）或者查询是否包含某个单词（contains 函数）的逻辑几乎是一样的，也是像放置单词一样从头到尾迭代单词里的字母，同时移动 cur 引用，一旦发现孩子结点不存在就立刻返回否定性的值，如果能找到最后，那就返回相应的 count 值或 isEnd 值。

递推版的代码如下:

```java
public class WordTrie {
    private static Node root = new Node();

    public static void put(String word) {
        var cur = root;
        for (int i = 0; i < word.length(); i++) {
            int ci = word.charAt(i) - 'a'; // child index 的缩写
            if (cur.children[ci] == null)
                cur.children[ci] = new Node();
            (cur = cur.children[ci]).count++; // 压缩掉一行语句
        }

        cur.isEnd = true;
    }

    public static int startsWith(String prefix) {
        var cur = root;
        for (int i = 0; i < prefix.length(); i++) {
            int ci = prefix.charAt(i) - 'a';
            if (cur.children[ci] == null) return 0; // 断链，没找到
            cur = cur.children[ci];
        }

        return cur.count;
    }

    public static boolean contains(String word) {
        var cur = root;
        for (int i = 0; i < word.length(); i++) {
            int ci = word.charAt(i) - 'a';
            if (cur.children[ci] == null) return false; // 断链，没找到
            cur = cur.children[ci];
        }

        return cur.isEnd;
    }
}
```

如是测试代码，可以得到 true 和 5 两个输出:

```java
public static void main(String[] args) {
    String[] words = {"hey", "hello", "he", "hell", "help"};
    for (var word : words) WordTrie.put(word);
```

```
        System.out.println(WordTrie.contains("help"));
        System.out.println(WordTrie.startsWith("he"));
    }
```

递归版实现

受递推版的启发，我们很容易发现——字典树的构建与查询是"自顶向下"的。于是，我们可以很快地改编出它们的递归版实现来。代码如下：

```java
public class WordTrie {
    private static Node root = new Node();

    public static void put(String word) {
        put(word, root, 0);
    }

    private static void put(String word, Node cur, int i) {
        int ci = word.charAt(i) - 'a';
        if (cur.children[ci] == null)
            cur.children[ci] = new Node();
        (cur = cur.children[ci]).count++;
        if (i == word.length() - 1) {
            cur.isEnd = true;
        } else {
            put(word, cur, i + 1);
        }
    }

    public static int startsWith(String prefix) {
        return startsWith(prefix, root, 0);
    }

    private static int startsWith(String prefix, Node cur, int i) {
        int ci = prefix.charAt(i) - 'a';
        if (cur.children[ci] == null) return 0;
        cur = cur.children[ci];
        if (i == prefix.length() - 1) return cur.count;
        return startsWith(prefix, cur, i + 1);
    }

    public static boolean contains(String word) {
        return contains(word, root, 0);
    }

    private static boolean contains(String word, Node cur, int i) {
```

```
        int ci = word.charAt(i) - 'a';
        if (cur.children[ci] == null) return false;
        cur = cur.children[ci];
        if (i == word.length() - 1) return cur.isEnd;
        return contains(word, cur, i + 1);
    }
}
```

因为 root 是一个私有字段，递归版的三个函数又需要拿它的值作为实际参数，所以，递归版的三个函数也就成了私有的。为了从外界能访问这三个函数，就需要为它们加上公有的包装器。同时，包装器也很好地对调用者隐藏了 cur、i 这些让人"不知所云"的内部复杂逻辑。名字相同，但签名不同的一组函数构成重载（overload）关系，想必读这段文字的人是应该清楚知道的。如果不清楚甚至不知道，那我真担心你的 Java 常识——特别是面向对象等工程方面的常识——是否足以支撑你学习算法了。

并查集：朋友的朋友是朋友

妇人拉住年轻人的衣袖，哭泣着说："xx，你不能和 xxx 在一起！因为……她就是你失散多年的亲妹妹！而我……就是你的亲妈啊！"——从曹禺的小说到琼瑶的肥皂剧，从横店的片场到好莱坞的影棚，这个"有情人终成兄妹"的梗早已经被用到烂大街了。而"并查集"（union-find）这种数据结构就是专门来防止这种悲剧发生的。

并查集的原理十分简单——就是利用了关系的"传递性"，就像我们生活中经常说的"朋友的朋友就是朋友"。并查集的"并"（union，即"联合"）指的就是利用关系的传递性把元素们归为一组，每一组都由一个"根元素"来代表。而并查集的"查"（find）指的就是帮我们检查两个元素是不是隶属于同一组（即拥有相同的根元素）。听到"根元素"，想必大家能猜到并查集是一种元素之间关系为树状的数据结构。的确是这样。但并查集与一般的树有两个显著的不同：

（1）在一般的树上，结点之间的关系是父结点知道自己的子结点（们）是谁，而子结点并不知道自己的父结点是谁，换句话说就是，树上的结点关系是从上向下指的。而并查集里则是元素只知道自己的父级元素是谁，而不关心自己的子级元素是谁，也就是说，关系是从下向上指的。

（2）并查集一般是在一个 Map<K,V> 实例上构建出来的，而不像二叉树那样需要先声明结点类。当然了，我们也可以用 Map<K,V> 实例来实现树——下一章我们会看到，树作为一种简化版的图（graph）也可以像图一样使用 Map<K,V> 来表达。

那么，如何使用并查集来避免狗血剧情的发生呢？让我们来看这样一个例子。假设我们用下面这个二维数组来表示一些从之间的关系，子数组里的两个元素具有"强家庭关系"：

```
String[][] relations = {
        {"A1", "B1"},
        {"A1", "A2"}, {"A2", "A3"},
        {"B1", "B2"}, {"B2", "B3"},
        {"C1", "C2"}, {"C2", "C3"},
};
```

这个数组所表达的关系是：A1 和 B1 是夫妻，A2 是 A1 的后代，A3 是 A2 的后代，B2 是 B1 的后代，B3 是 B2 的后代，C2 是 C1 的后代，C3 是 C2 的后代。为了好理解，这些元素都是以清晰的顺序出现的，但实际上打乱顺序也没有关系。比如，写成{"B3", "B2"}一样代表着它们之间有强的家庭关系。

我们首先要实现的是"查"，因为"并"是建立在"查"的基础之上的——先"查"后"并"。代码如下：

```
public class UnionFind {
    private static Map<String, String> map = new HashMap<>();

    public static String find(String child) {
        if (!map.containsKey(child))
            map.put(child, child);
        while (!map.get(child).equals(child))
            child = map.get(child);
        return child;
    }
}
```

在这里，我们准备了一个 Map<String, String>实例（注：这是一种比较"跳跃"的表述，完整的表述应该是"一个实现了 Map<String, String>接口的类的实例"），它的"键一值"（key-value）关系对应的是"子一父"关系。注意：这里的"子一父"关系仅仅是并查集里的树状关系的"子一父"，而不一定是家庭关系中的"子一父"。当我们试图在字典里查找一个元素的根元素时，如果这个元素尚未出现在字典里，我们就把它放进字典里，并且让它自己作为自己的父级元素。然后，我们顺着"子一父"关系一路找上去，直到找到一个元素，它的父元素就是它自己，这时，我们就找到了一个"根元素"——是的，根元素的特点就是它是它自己的父元素。显然，首次被查询的元素自己就是自己的根元素。另外，因为我们使用的是 String 作为元素的类型，所以我们不能使用"=="在 Java 语言中比较两个字符串的值。

基于"查"的功能，我们就可以实现"并"的功能了。代码如下：

```
public static String union(String c1, String c2) {
    String r1 = find(c1), r2 = find(c2);
```

```
    if (!r1.equals(r2)) map.put(r2, r1);
    return r1;
}
```

"并"的逻辑也很直白——分别获取两个元素的根元素，如果两个元素的根元素相同，说明它们已经是一组的，否则，就"强行"让一个根元素成为另一个根元素的根。至于是不是返回最终的根元素，这个随意。

至此，"并查集"的功能就实现完了，简单吧！运行下面的测试代码：

```java
public static void main(String[] args) {
    String[][] relations = {
            {"A1", "B1"},
            {"A1", "A2"}, {"A2", "A3"},
            {"B1", "B2"}, {"B2", "B3"},
            {"C1", "C2"}, {"C2", "C3"},
    };

    for (var r : relations)
        UnionFind.union(r[0], r[1]);
    var root1 = UnionFind.find("A3");
    var root2 = UnionFind.find("B3");
    if (root1.equals(root2)) {
        System.out.println("有情人终成兄妹");
    } else {
        System.out.println("在一起，在一起！");
    }
}
```

输出结果应该是"有情人终成兄妹"，因为 A3 和"B3"有着强家庭关系。这时候，如果你把 A3 或者 B3 替换成 C3，那么输出结果就是"在一起，在一起！"了。再或者，把子数组{"A1", "B1"}移除，也能看到"在一起"。感兴趣的话，你还可以打乱子数组的顺序、颠倒子数组里元素的顺序，看看结果会不会变。另外，如果你想查询并查集里的元素一共被分为了几组，那么数一数有多少个根元素就知道了。

06

图：包罗万象

现实世界中的事物，如果把它们在某个维度上的关系抽象到极致，往往就能得到一个图（graph）。比如，地图就不算"抽象到极致"，因为城市的位置、城市间的距离还要通过比例尺来反映它们在地理上的真实情况，所以地图的英文是 map 而不是 geo-graph，而下图中的(a)则是城市之间距离关系的极端抽象。再比如，立方体的八个顶点和八条边也可以"拍扁了"（或者说"投影"）成为下图中的(b)。所以，我们本章所研究的图，既不是图画（picture）、图解（diagram）的"图"，也不是地图（map）、蓝图（blueprint）的"图"——它是一种计算机科学中的数据结构，由顶点（vertex）和顶点之间的边（edge）构成。

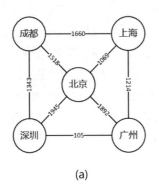

(a)

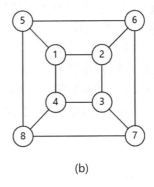

(b)

边对图的影响非常大——如果边是单向通行的，那么图就是"有向图"（directed graph），如果边是双向通行的，那么图就是"无向图"（undirected graph），所以"无向图"并不是没有方向，而是方向任意；如果边有权重（weight），那么图就是"有权图"（weighted graph），否则就是"无权图"（unweighted graph）；如果边能在顶点之间形成回路，那么图就称为"有环图"（cyclic graph），否则就是"无环图"（acyclic graph）。无向、有环、有权重——这是图的"默认配置"，所以这三个修饰可以省略，反之则需要指出来。比如，有一种重要的图叫做"有向无环图"（directed acyclic graph，DAG）就刻意指出了"有向"和"无环"，并且省略了"有权"，所以，"有向无环图"的全称其实是"有向无环有权图"。另外，像树、链表这两种数据结构，其实都是简化版的图，图上的算法也都能应用在它们上面，只需去掉一些逻辑即可。

图是一种非常"接地气"的数据结构——小到下棋选课、大到投资备战，都能看到它的身影。比如，两个城市之间是否只靠火车就能相通，这是图的"连通性"（connectivity）问题；从一个城市到另一个城市怎么买票最便宜或者怎么走最快，这是图的"最短路径"（shortest path）问题；如何花最少的经费把每个城市都用高速公路连起来，这是"最小生成树"（minimum spanning tree）问题；怎样不重复地把几个城市或者几条风景线逛一遍并回到起点，这是图的环路（cycle）问题；如何根据课程之间的先后关系选课、将自己的大学生活安排得充实快乐，这是图的"拓扑排序"（topological order）问题；当发生战事时，测算通过公路网从一个城市向另一个城市调兵的速度是图的"最大流"（maximum flow）问题，而测算破坏哪几座桥梁就能以最小的代价阻断敌人的前进则是图的"最小割"（minimum cut）问题……总之，图算法包罗万象、非常的重要，掌握这些工具后，你的思维也会变得睿智和策略起来。

大家可能听说过"图论"（Graph Theory）。图论是数学范畴的知识。图算法中涉及的问题只是图论中的一小部分，而且偏重的是如何用计算机程序去解决问题。单是图算法一个课题就足够写上一本几百页的书了，所以，本章只是图算法最常见部分的一个缩影，仅供大家打牢基础之用。

我在学习图算法的时候曾经被一个问题困扰，那就是：一个算法究竟是给有向/有权图用的，还是给无向/无权图用的呢？后来渐渐发现，无论是有向/有权图还是无向/无权图上，都有着目的相同的算法，只是实现起来有或大或小的变化。比如，连接性问题，无论在有向还是无向图上，都可以用遍历结点的办法进行求解，但在无向图上，我们还可以使用并查集来求解。像这样的例子还有很多。因此，为了能让大家清晰地学习每一个算法、避免我曾经遇到的困扰，我将这样安排每一个算法的学习：先为这个算法选定一个最常用的图类型、为大家讲解这个算法的"标准版"，然后再探讨当有无向、有无权、有无环发生变化时算法将会有哪些改变。

图的表达

所谓图的表达，就是把一个对应着现实世界对象之间关系的图模型转换成方便处理的数据，并保存在合适的数据结构中。转换的第一步往往是一个（隐含的）映射过程，这个过程经常会被其他书籍所忽略。这个映射，就是把图中的顶点都映射为连续的整数，这样做的好处是既方便迭代又方便处理。经过映射，下图中的(a)部分就变成了(b)部分：

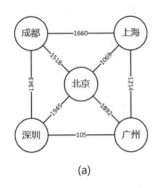 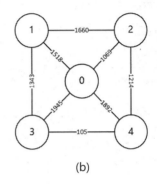

(a)　　　　　　　　　　　　　(b)

　　这个映射关系可以保存在一个数组里（ String[] cities = {"北京", "成都", "上海", "深圳", "广州"}; ），映射出来的整数就是顶点们在数组中的索引。当然，也可以保存在一个 Map<K,V> 实例里。映射后，当我们想迭代所有顶点的时候，只需一个 for 循环就足够了。这也解释了为什么在所有图算法中我们看到的顶点都是一个简单的整数。

　　映射之后，我们就可以把图模型转换为可处理的数据了。不考虑链表和树这两种特殊的图，一个标准的、最简单的图是有向无权图，如下图。有向图在模型中会用箭头标识出边的方向。对于无权图来说，你也可以把每条边的权重都看作 1。

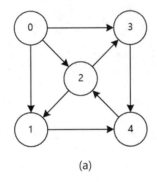 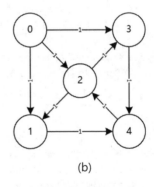

(a)　　　　　　　　　　　　　(b)

　　在算法界中，对图的表达有两种方式——邻接列表（ adjacency list ）和邻接矩阵（ adjacency matrix ）。"什么？还要用到矩阵？"——可别被它们的名字吓到，其实跟数学中的矩阵一点儿关系都没有，这里的矩阵指的是一个 int 类型的二维数组（ int[][] ）。下面，我们依次来了解这两种表达方式。

邻接列表

　　邻接列表法是把图模型保存在一个 List<List<Integer>>实例或者一个 List<List<Edge>>

实例里。前者用于保存无权图，后者则用于保存有权图。图的所有顶点都保存为字典的 key，每个 key 所对应的 value 则是由这个顶点出发所能到达的下一个顶点（无权图）或经由的边（有权图）。顶点我们用一个整数就可以表达了，而边则需要另创建一个类：

```java
public class Edge {
    public int from;
    public int to;
    public int weight;

    public Edge(int from, int to, int weight) {
        this.from = from;
        this.to = to;
        this.weight = weight;
    }
}
```

了解了原理，我们就可以把前面的图模型以如下代码进行表达：

```java
public class Main {
    public static void main(String[] args) {
        int[][] unweightedRaw = { // {from, to}
                {0, 1}, {0, 2}, {0, 3}, {1, 4},
                {2, 1}, {2, 3}, {3, 4}, {4, 2}};

        int[][] weightedRaw = { // {from, to, weight}
                {0, 1, 1}, {0, 2, 1}, {0, 3, 1}, {1, 4, 1},
                {2, 1, 1}, {2, 3, 1}, {3, 4, 1}, {4, 2, 1}};

        var unweightedGraph = buildUnweightedGraph(5, unweightedRaw);
        var weightedGraph = buildWeightedGraph(5, weightedRaw);
    }

    // 构建无权图
    public static List<List<Integer>> buildUnweightedGraph(int vCount, int[][] raw) {
        var g = new ArrayList<List<Integer>>();
        for (var i = 0; i < vCount; i++)
            g.add(new ArrayList<>());
        for (var edge : raw)
            g.get(edge[0]).add(edge[1]);
        return g;
    }

    // 构建有权图
    public static List<List<Edge>> buildWeightedGraph(int vCount, int[][] raw) {
        var g = new ArrayList<List<Edge>>();
        for (var i = 0; i < vCount; i++)
```

```
            g.add(new ArrayList<>());
        for (var edge : raw)
            g.get(edge[0]).add(new Edge(edge[0], edge[1], edge[2]));
        return g;
    }
}
```

代码的逻辑十分的直白：根据顶点的个数（vCount）为每个 key 生成一个空的列表（杜绝 key 对应 null 值）用于保存与出发点相接邻的顶点（无权图）或边（有权图），然后，再把图模型原始数据灌进字典里就可以了。当然了，你也可以用 List<E>[]或 Map<K, List<E>>来代替 List<List<E>>实例。

邻接矩阵

邻接矩阵的原理是使用一个高度和宽度都等于顶点个数的 int[][]实例来保存顶点之间的关系，也就是边（如下图）。假设矩阵（int[][]）由变量 g 来引用，那么 g[from][to]的值就代表了顶点 from 与 to 之间的关系——0 表示这两个顶点间没有边，非 0 则表示两个顶点之间有边相连，而且非 0 的时候还可以用这个值来表示边的权重，真是一举两得！

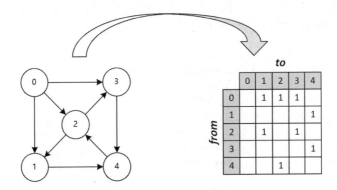

基于上面的思路，我们可以轻松地将代码实现为：

```
public class Main {
    public static void main(String[] args) {
        int[][] unweightedRaw = { // {from, to}
                {0, 1}, {0, 2}, {0, 3}, {1, 4},
                {2, 1}, {2, 3}, {3, 4}, {4, 2}};

        int[][] weightedRaw = { // {from, to, weight}
                {0, 1, 1}, {0, 2, 1}, {0, 3, 1}, {1, 4, 1},
                {2, 1, 1}, {2, 3, 1}, {3, 4, 1}, {4, 2, 1}};

        var unweightedGraph = buildGraph(false, 5, unweightedRaw);
        var weightedGraph = buildGraph(true, 5, weightedRaw);
```

```
        }

        // 用开关控制构建有权或无权图
        public static int[][] buildGraph(boolean isWeighted, int vCount, int[][] raw) {
            var g = new int[vCount][vCount];
            for (var edge : raw)
                g[edge[0]][edge[1]] = isWeighted ? edge[2] : 1;
            return g;
        }
    }
```

应对向、权、环的变化

关于权重，前面邻接列表和邻接矩阵的代码中已经包含了有权和无权两种情况，所以不会有变化。是否有环路是由图模型的原始数据决定的，而且对图的构建没有影响——有没有环路你都得如实地按照原始数据来构建这个图。真正对构建图有影响是有无向的变化。

当有向图变为无向图的时候，如果采用邻接列表表达，我们可以把一条无向边看做两条有向边，然后为两个顶点各添加一条出发自它的有向边，也可以保持这条无向边，然后把它分别加入两个顶点的列表中（注：我个人更倾向于前者）；如果采用的是邻接矩阵表达，则迭代一条原始数据都要在矩阵上标记两次边的连通。代码如下：

```
// 构建无权图（邻接列表）
public static List<List<Integer>> buildUnweightedGraph(int vCount, int[][] raw) {
    var g = new ArrayList<List<Integer>>();
    for (var i = 0; i < vCount; i++)
        g.add(new ArrayList<>());
    for (var edge : raw) {
        g.get(edge[0]).add(edge[1]);
        g.get(edge[1]).add(edge[0]); // 添加反向相邻顶点
    }
    return g;
}

// 构建有权图（邻接列表）
public static List<List<Edge>> buildWeightedGraph(int vCount, int[][] raw) {
    var g = new ArrayList<List<Edge>>();
    for (var i = 0; i < vCount; i++)
        g.add(new ArrayList<>());
    for (var edge : raw) {
        g.get(edge[0]).add(new Edge(edge[0], edge[1], edge[2]));
        g.get(edge[1]).add(new Edge(edge[1], edge[0], edge[2])); // 添加反向边
    }
    return g;
}
```

```
// 用开关控制构建有权或无权图（邻接矩阵）
public static int[][] buildGraph(boolean isWeighted, int vCount, int[][] raw) {
    var g = new int[vCount][vCount];
    for (var edge : raw) {
        g[edge[0]][edge[1]] = isWeighted ? edge[2] : 1;
        g[edge[1]][edge[0]] = isWeighted ? edge[2] : 1; // 添加反向边
    }
    return g;
}
```

测试代码如下：

```
public static void main(String[] args) {
    int[][] unweightedRaw = { // {v1, v2}
            {0, 1}, {0, 2}, {0, 3}, {1, 4},
            {2, 1}, {2, 3}, {3, 4}, {4, 2}};

    int[][] weightedRaw = { // {v1, v2, weight}
            {0, 1, 1}, {0, 2, 1}, {0, 3, 1}, {1, 4, 1},
            {2, 1, 1}, {2, 3, 1}, {3, 4, 1}, {4, 2, 1}};

    var uwg1 = buildUnweightedGraph(5, unweightedRaw);
    var wg1 = buildWeightedGraph(5, weightedRaw);
    var uwg2 = buildGraph(false, 5, unweightedRaw);
    var wg2 = buildGraph(true, 5, weightedRaw);
}
```

在用于构建无向图的原始数据中，我们一般不用 from 和 to 来称呼两个顶点，以突出两个顶点的无向性和均等性，所以，经常会称呼它们 v1、v2 或 u、v。绘制无向图的图模型时，也会省略边上两端的箭头，让图形看上去更清爽：

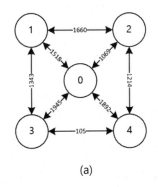

(a)

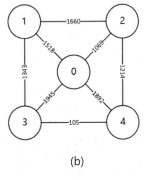

(b)

最后，让我们引入"出度"（out-degree）和"入度"（in-degree）两个概念——对于一个顶点来说，有多少条边以之为出发点，那么这个顶点的出度就是多少，同理，有多少条边以之为到达点，则这个顶点的入度就是多少。

思考题

很多面试或竞赛题都会以一个 int[][]实例来表示一块场地、一个网格或一个棋盘，然后允许一个棋子在上面移动——二维数组里的每个元素被视为一个格子。有的时候我们会限制棋子移动的方向，比如限制它只能向右或向下移动，有的时候则不限制棋子的移动、允许它向上下左右四个方向自由移动。请问，你能把这样一个棋盘格转换成图、存储起来吗？

图的遍历

图的遍历（traversal）指的就是从给定的顶点开始，将所有与这个顶点直接或间接相连的顶点（或边）都访问一遍。显然，对于无权图来说，我们更看中对顶点的遍历，而对于有权图来说，我们更看中对边的遍历。图的遍历算法几乎可以说是其他算法的基础，所以它非常重要。遍历一个图时，我们既可以使用递推代码又可以使用递归代码，两者对顶点的访问顺序截然不同，因此也会影响到构建在它们之上的其他算法。下面我们就来分别探讨。

在探讨时，我们会使用同与前一节相同的有向图模型（如下图）：

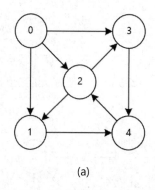

(a)

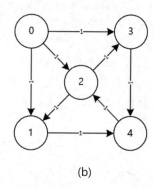

(b)

以及这个模型的邻接列表表达方式：

```java
public static void main(String[] args) {
    int[][] unweightedRaw = { // {from, to}
            {0, 1}, {0, 2}, {0, 3}, {1, 4},
            {2, 1}, {2, 3}, {3, 4}, {4, 2}};

    int[][] weightedRaw = { // {from, to, weight}
            {0, 1, 1}, {0, 2, 1}, {0, 3, 1}, {1, 4, 1},
            {2, 1, 1}, {2, 3, 1}, {3, 4, 1}, {4, 2, 1}};
```

```
    var unweightedGraph = buildUnweightedGraph(5, unweightedRaw);
    var weightedGraph = buildWeightedGraph(5, weightedRaw);
}
```

广度优先遍历

所谓"广度优先查找"（breadth first search, BFS）指的就是使用递推式代码来遍历一个图、查找目标顶点或边是否存在。因为在查找过程中会遍历到与入口点直接或间接相连的每个顶点及每条边，所以 BFS 是一种图的遍历算法。这就是为什么虽然它的名字里有个 search，但我们常会把它称为"广度优先遍历"。

BFS 的原理很简单：以给定的入口顶点为起点，访问与其直接相连的第一层顶点，然后再以第一层顶点为基础访问与第一层顶点直接相连的第二层顶点，逐层外推，直到把相连的顶点都访问到。访问的过程中，为了避免公用顶点（入度大于 1）被多次访问，我们必须使用一个缓存来记录哪些顶点已经访问过了，如果不这样做，在有环的图上就会产生无限循环。因为对顶点的访问顺序有如水波般一圈一圈向外发散，所以这种遍历方式才被称为"广度优先遍历"。

为了能达到"逐层访问"的效果，我们使用了 Queue<E>数据结构。队列的"先进先出"（first in first out, FIFO）特性可以帮我们形成一个"待处理序列"——因为是内圈顶点把外圈顶点"拉"进队列的，所以只有当内圈顶点访问完后才会轮到外圈顶点。同时，又因为有 Set<E>的加持，所以也不会出现重复访问的情况。代码如下：

```java
// 广度优先遍历（无权图）
public static List<Integer> getVertices(List<List<Integer>> g, int entry) {
    var vertices = new ArrayList<Integer>();
    var visited = new HashSet<Integer>();
    var q = new LinkedList<Integer>();
    vertices.add(entry);
    visited.add(entry);
    q.offer(entry);
    while (!q.isEmpty()) {
        var from = q.poll();
        for (var to : g.get(from)) {
            if (visited.contains(to)) continue; // 避免重复访问
            vertices.add(to);
            visited.add(to); // 先
            q.offer(to); // 后
        }
    }

    return vertices;
}
```

特别提醒大家——一定要先标记顶点被访问（放进 Set<E>里），再把顶点放进队列里，不然被前一层所共用的顶点就有可能被重复访问。

如果确切地知道顶点的个数，我们也可以使用更轻的 boolean[]来代替较重的 Set<E>。比如，拿我们这个图来说，图对象 List<List<Integer>>的长度就是顶点的个数，所以，代码可以升级为：

```java
// 广度优先遍历（无权图）
public static List<Integer> getVertices(List<List<Integer>> g, int entry) {
    var vertices = new ArrayList<Integer>();
    var visited = new boolean[g.size()]; // 变化 1

    var q = new LinkedList<Integer>();
    vertices.add(entry);
    visited[entry] = true; // 变化 2

    q.offer(entry);
    while (!q.isEmpty()) {
        var from = q.poll();
        for (var to : g.get(from)) {
            if (visited[to]) continue; // 变化 3
            vertices.add(to);
            visited[to] = true; // 变化 4
            q.offer(to);
        }
    }

    return vertices;
}
```

开篇的时候我曾说过：之所以选择 Java 作为这本书的编程语言是因为 JDK 里有着丰富的数据结构。有多丰富呢？比如 LinkedHashSet<E>这个数据结构，它就是一个既能像 Set<E>一样防重复、、又能像 List<E>一样保留元素顺序的"二合一"型数据结构！有了它，代码可以变得很短，甚至能玩出一些花样来：

```java
// 广度优先遍历（无权图）
public static List<Integer> getVertices(List<List<Integer>> g, int entry) {
    var vertices = new LinkedHashSet<Integer>(); // 二合一
    var q = new LinkedList<Integer>();
    vertices.add(entry);
    q.offer(entry);
    while (!q.isEmpty()) {
        var from = q.poll();
        for (var to : g.get(from)) {
            if (vertices.add(to)) // 小花样！
                q.offer(to);
        }
```

```
    }

    return new ArrayList<>(vertices);
}
```

当然了，使用 LinkedHashSet<E> 的代价就是数据结构进一步加重、语言间的可移植性变弱，以及……面试官可能认为你从哪里学了"旁门左道"。如果你确定只是想访问与入口顶点们相连的顶点们而不太关心记录访问顺序，那么用一个 HashSet<E> 也就足够了。总之，选择很多，根据上下文随机应变就可以了。

以如下方式测试代码：

```
public static void main(String[] args) {
    int[][] unweightedRaw = { // {from, to}
        {0, 1}, {0, 2}, {0, 3}, {1, 4},
        {2, 1}, {2, 3}, {3, 4}, {4, 2}};

    var unweightedGraph = buildUnweightedGraph(5, unweightedRaw);
    var vertices = getVertices(unweightedGraph, 0);
    System.out.println(vertices);
}
```

你会看到输出为[0, 1, 2, 3, 4]。这很好理解：0 是起点，与它直接相连的是 1、2、3（即第一层），第二层则是与 2、3 相连的 4，第三层理论上是与 4 相连的 2，但 2 已经访问过了，所以不会再访问。因为邻接列表 List<List<Integer>> 里的 List<Integer> 会保留添加顶点（或边）时的顺序，所以，如果你把原始数据的元素顺序反转一下：

```
int[][] unweightedRaw = { // {from, to}
        {4, 2}, {3, 4}, {2, 3}, {2, 1},
        {1, 4}, {0, 3}, {0, 2}, {0, 1}};
```

就会得到输出[0, 3, 2, 1, 4]——层级没变，但同层中元素的访问顺序变了。

提醒大家一点：并不一定把每个顶点当作入口点都可以访问到所有顶点（或边）的，拿我们这个图来说，如果你把入口点改为 0 之外的任何一个顶点，都不能访问到所有顶点。

深度优先遍历

保留"从中心（入口点）向四周拓展"的递推思想，但改用递归式代码来迭代每个顶点的下一层顶点，就会产生"深度优先"的效果，因为递归调用会让对顶点的访问"能走多远走多远"、直到一个顶点没有下一层顶点可以访问——它要么没有可去往的顶点要么可去往的顶点都已经被访问过了。

循着这个思路，我们就能得到一段简短到让人吃惊的代码：

```
// 先序深度优先遍历（无权图）
public static void getVertices(List<List<Integer>> g, int from,
```

```
        List<Integer> vertices, Set<Integer> visited) {
    if (!visited.add(from)) return;
    vertices.add(from); // 先序

    for (var to : g.get(from))
        getVertices(g, to, vertices, visited);
}
```

以如下代码测试代码，你会看到结果[0, 1, 4, 2, 3]：

```
public static void main(String[] args) {
    int[][] unweightedRaw = { // {from, to}
            {0, 1}, {0, 2}, {0, 3}, {1, 4},
            {2, 1}, {2, 3}, {3, 4}, {4, 2}};

    var unweightedGraph = buildUnweightedGraph(5, unweightedRaw);
    var vertices = new ArrayList<Integer>();
    var visited = new HashSet<Integer>();
    getVertices(unweightedGraph, 0, vertices, visited);
    System.out.println(vertices);
}
```

观察我们的图模型，因为我们的代码会按下一层顶点的加入顺序来逐一访问它们，所以当从 0 开始深度优先访问的时候，下一层中的 1 会先被访问到，然后递归继续向深处伸展，1 的第一个下一层顶点 4 会被访问，进而是 4 的第一个下一层顶点 2，2 在试图访问 1 的时候发现 1 已经被访问过了，于是转向访问 3，最后 3 的所有下一层顶点都已经被访问过了。当递归调用逐步向上一层返回时，程序发现每一层的顶点都已经被访问过了，所以调用很快就结束了。整体的访问顺序是：0->1->4->2->3，一气呵成。

如果你把原始数据中的{0, 1}和{0, 2}颠倒一下，你会发现输出结果变成了[0, 2, 1, 4, 3]，这次访问所经历的顺序是 0->2->1->4，然后向上返回两层到 2，由 2 访问 3。

代码中的"先序"（pre-order）指的是在访问下一层顶点之前就已经处理了当前的顶点（注：本例中的"处理"指的就是把它加入到了 vertices 中，不同问题中的"处理"会有不同的运算）。如果把这句代码移到 for 循环之后，那么本层递归调用对顶点的操作就只能等到下一层结点都处理完了再进行，也就是变成了"后序"（post-order）深度优先遍历。代码如下：

```
// 后序深度优先遍历（无权图）
public static void getVertices(List<List<Integer>> g, int from,
        List<Integer> vertices, Set<Integer> visited) {
    if (!visited.add(from)) return; // 注意!

    for (var to : g.get(from))
        getVertices(g, to, vertices, visited);
    vertices.add(from); // 后序
}
```

在先序/后序转换的时候，新手经常忽略的一个细节是将顶点加入 visited 缓存的时机。要知道，这一步的位置是不能变的，哪怕是在后序遍历中，也要先把顶点加入 visited 缓存，以告诉更深层次的递归调用："嘿！这个顶点点之前已经见过了，正等着处理呢，请跳过它吧。"不然当图上有环的时候，就会产生调用栈溢出。

我们知道，树是一种简化了的图，而二叉树则是一种简化了的树。因为二叉树只有两个子结点，那么我们就有机会在递归处理左孩子和右孩子之间来处理当前结点，于是就有了"中序"（in-order）深度优先遍历。因为图的邻接顶点是个集合，我们很少会在迭代这个集合的时候中断下来处理当前顶点，所以图算法中几乎看不到有用中序深度优先遍历的。

请大家注意：先序、中序、后序都是在说深度优先遍历，它们都有各自的应用场景和输出效果，比如把二叉搜索树还原成排好序的列表，你只能使用中序深度优先遍历；再比如我们将要学习的"拓扑排序"，则应该使用后序深度优先遍历。

递推版深度优先遍历

当不得不使用深度优先遍历、图的顶点数量又比较大时，我们就要冒调用栈溢出的风险了。为了避免这个风险，我们可以使用Stack<E>数据结构来模拟函数调用栈，于是，我们的代码就变成了：

```java
public static List<Integer> getVertices(List<List<Integer>> g, int entry) {
    var vertices = new ArrayList<Integer>();
    var visited = new HashMap<Integer, Iterator<Integer>>();
    var stack = new Stack<Integer>();
    visited.put(entry, g.get(entry).iterator());
    vertices.add(entry);
    stack.push(entry);
    while (!stack.isEmpty()) {
        var top = stack.peek();
        var iterator = visited.get(top);
        if (!iterator.hasNext()) {
            stack.pop();
        } else {
            var to = iterator.next();
            if (!visited.containsKey(to)) {
                visited.put(to, g.get(to).iterator());
                vertices.add(to); // 先序
                stack.push(to);
            }
        }
    }

    return vertices;
}
```

这版代码的要点就在于 HashMap<Integer, Iterator<Integer>>类型的 visited，它有两个重要的作用：一个是帮我们记录哪些顶点已经被访问了，一个是帮我们记录这个顶点的下一层顶点已经迭代到哪里了，也就是那个 iterator。可见，必要的工程技术对算法的实现也是很关键的。在这版代码中，我们一访问到哪个顶点就立刻把它加到 vertices 结果集中了，所以它是一个先序的深度优先遍历。如果想把它改成后序的，那么只需把 stack.pop();这句改成 vertices.add(stack.pop());，并去掉开头的 vertices.add(entry);这句即可。

以下面的原始数据进行测试：

```
int[][] unweightedRaw = { // {from, to}
        {0, 1}, {0, 2}, {0, 3}, {1, 4},
        {2, 1}, {2, 3}, {3, 4}, {4, 2}};
```

先序输入结果为[0, 1, 4, 2, 3]，后序输出结果的顺序正好相反，是[3, 2, 4, 1, 0]。

向、权、环对遍历的影响

前面的例子中，我们选用了典型的无向无权图模型作为遍历的对象。如果换成无向图，那么相当于边的数量翻了一倍（加入了同样多条反向边），但由于 visited 缓存的存在，就算加入再多的边，对顶点的访问也不会重复，所以，有向图变无向图对遍历算法没有影响。同理，无论是有向图上的环路还是无向图上的环路，都不会导致顶点的重复访问，因为有 visited 缓存的存在。

对图遍历算法影响比较大的是有无权的变化。对于有权图来说，有些场景下我们要遍历的是边而不是顶点，此时，被迭代的将不再是"下一层顶点"，而是从当前顶点出发的边们。以现有代码为基础，稍做改动，我们就能得到如下遍历边的代码：

```
// 广度优先遍历有权图的所有边
public static List<Edge> getEdges(List<List<Edge>> g, int entry) {
    var edges = new ArrayList<Edge>();
    var visited = new HashSet<Edge>();
    var q = new LinkedList<Integer>();
    q.offer(entry);
    while (!q.isEmpty()) {
        var from = q.poll();
        for (var edge : g.get(from)) {
            if (visited.add(edge)) {
                edges.add(edge);
                q.offer(edge.to);
            }
        }
    }

    return edges;
```

```
    }

    // 深度优先遍历有权图的所有边
    public static void getEdges(List<List<Edge>> g, int from, List<Edge> edges, Set<Edge> visited) {
        for (var edge : g.get(from)) {
            if (visited.add(edge)) {
                edges.add(edge);
                getEdges(g, edge.to, edges, visited);
            }
        }
    }

    // 深度优先遍历有权图的所有边（递推版）
    public static List<Edge> getEdges(List<List<Edge>> g, int entry) {
        var edges = new ArrayList<Edge>();
        var visited = new HashSet<Edge>();
        var stack = new Stack<Iterator<Edge>>();
        stack.push(g.get(entry).iterator());
        while (!stack.isEmpty()) {
            var iterator = stack.peek();
            if (!iterator.hasNext()) {
                stack.pop();
            } else {
                var edge = iterator.next();
                if (visited.add(edge)) {
                    edges.add(edge);
                    stack.push(g.get(edge.to).iterator());
                }
            }
        }

        return edges;
    }
```

　　相比对顶点的遍历，遍历边的时候有一个思路需要转换，那就是——我们并不关心一个顶点是否被访问了多次，我们只要保证对边的访问不重复就可以了。

顶点的连通性

　　"两个城市之间是否有道路相连"这个问题抽象到图模型上就成了"两个顶点之间是否有连通性"。顶点间的连通性（connectivity）指的是从给定的出发顶点到目标顶点之间是否有（直接或间接的）边相连。如果有，那么这个出发顶点与目标顶点是有连通性的，连通它们的边按顺序所组成的通路就称为两个顶点间的"路径"（path）。显然，连通性是有方向的，所以连通性对有向图更具意义。

仍然以这个图模型为例：

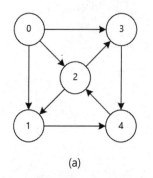

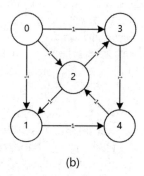

(a)   (b)

顶点 0 与 4 是有连通性的，而 4 与 0 则没有连通性。在有向图上发现顶点间连通性的最简办法就是 BFS 或 DFS——这次真的是要 search 了。从给定入口点出发，进行 BFS 或者 DFS，如果触及了要搜索的目标顶点，那么就返回 true，否则返回 false。

很难说 BFS 和 DFS 哪个效率更高。BFS 有它的优点，那就是总能通过最短无权路径由中心向外圈推进，而且不用担心调用栈溢出的问题，但缺点是当目标顶点离得比较远的时候，BFS 做的"无用功"会比较多，因为它像一个圆面一样向四周铺开。而 DFS 则要"看运气"——如果一头扎进一个很深但又不包含目标顶点的路径，那么效率就会很低，反之，运气好的时候很快就能得到结果。所以，总体而言，它们的效率都是 O(n) 的。递归版的 DFS 虽然要冒调用栈溢出的风险，但如果图的顶点数量不那么大，还是可以考虑使用的——谁让它代码短、省时间呢！

对前面 BFS 和 DFS 的代码稍加改动（其实是简化），就能得到 BFS 和 DFS 两版代码：

```java
// 广度优先遍历（无权图连通性）
public static boolean isConnected(List<List<Integer>> g, int entry, int target) {
    var visited = new HashSet<Integer>();
    var q = new LinkedList<Integer>();
    visited.add(entry);
    q.offer(entry);
    while (!q.isEmpty()) {
        var from = q.poll();
        for (var to : g.get(from)) {
            if (to == target) return true;
            if (visited.add(to)) q.offer(to);
        }
    }

    return false;
```

```
    }

    // 深度优先遍历（无权图连通性）
    public static boolean isConnected(List<List<Integer>> g, int from, int target, Set<Integer> visited) {
        if (!visited.add(from)) return false; // 对"重复访问顶点"的代偿
        for (var to : g.get(from))
            if (to == target || isConnected(g, to, target, visited))
                return true;
        return false;
    }
```

测试代码，你会发现顶点 0 与 4 之间有连通性，而反过来 4 与 0 之间却没有。

有无权重对连通性的影响

　　图的边上有没有权重其实都不影响顶点之间的连通性。唯一会影响到代码的是邻接列表里保存的是边（Edge 实例）而不是顶点（注：其实，更多时候，当我们讨论的是连通性时，会忽略有权图上的权，而把有权图转换为一个无权图）。如果我们采用的邻接矩阵的表达方式，那么无论是遍历还是连通性的代码，有权图和无权图的都是通用的。

　　我们采用的是邻接列表法表达，代码如下：

```
    // 广度优先遍历（有权图连通性）
    public static boolean isConnected(List<List<Edge>> g, int entry, int target) {
        var visited = new HashSet<Edge>();
        var q = new LinkedList<Integer>();
        q.offer(entry);
        while (!q.isEmpty()) {
            var from = q.poll();
            for (var edge : g.get(from)) {
                if (visited.add(edge)) {
                    if (edge.to == target) return true;
                    q.offer(edge.to);
                }
            }
        }

        return false;
    }

    // 深度优先遍历（有权图连通性）
    public static boolean isConnected(List<List<Edge>> g, int from, int target, Set<Edge> visited) {
        for (var edge : g.get(from))
            if (edge.to == target || visited.add(edge) && isConnected(g, edge.to, target, visited))
                return true;
```

```
            return false;
    }
```

仍然是顶点 0 与 4 之间有连通性、4 与 0 之间没有。

有无向对连通性的影响

前面说过，无向图本质上就是把边翻了一倍的"加强版"有向图，所以，之前所有应用在有向图连通性上的代码都可以不加修改地直接拿来用。同时，一旦确认起点和目标点之间有（或无）连通性，那么目标点与起点间也一定有（或无）连通性，不用再搜索一遍。

无向图的"双向性"还为我们带来了两个有意思的变化。一，我们可以从起点和目标点开始、同时展开BFS，这样，当在visited缓存中发现共同访问过的顶点时，就证明两点之间有连通性，而且这种"双源BFS"的效率要比从一个顶点开始的"单源BFS"高——道理很简单，两个6吋的披萨饼要比一个12吋的小不少呢！

双源 BFS 的代码如下：

```java
// 双源广度优先遍历（无权图连通性）
public static boolean isConnected(List<List<Integer>> g, int entry, int target) {
    Set<Integer> visited1 = new HashSet<>(), visited2 = new HashSet<>();
    Queue<Integer> q1 = new LinkedList<>(), q2 = new LinkedList<>();
    visited1.add(entry);
    visited2.add(target);
    q1.offer(entry);
    q2.offer(target);
    while (!q1.isEmpty() && !q2.isEmpty()) {
        var from1 = q1.poll(); // 以 from 为源的 BFS
        for (var to : g.get(from1)) {
            if (visited2.contains(to)) return true;
            if (visited1.add(to)) q1.offer(to);
        }

        var from2 = q2.poll(); // 以 target 为源的 BFS
        for (var to : g.get(from2)) {
            if (visited1.contains(to)) return true;
            if (visited2.add(to)) q2.offer(to);
        }
    }

    return false;
}
```

我们也可以把它优化成只使用一个 Queue<E>，代码如下：

```java
// 双源广度优先遍历（无权图连通性）
public static boolean isConnected(List<List<Integer>> g, int entry, int target) {
```

```
        Set<Integer> visited1 = new HashSet<>(), visited2 = new HashSet<>();
        Queue<Integer> q = new LinkedList<>();
        visited1.add(entry);
        visited2.add(target);
        q.offer(entry);
        q.offer(target);
        while (!q.isEmpty()) {
            var from = q.poll();
            if (visited1.contains(from)) { // 以 from 为源的 BFS
                for (var to : g.get(from)) {
                    if (visited2.contains(to)) return true;
                    if (visited1.add(to)) q.offer(to);
                }
            } else { // 以 target 为源的 BFS
                for (var to : g.get(from)) {
                    if (visited1.contains(to)) return true;
                    if (visited2.add(to)) q.offer(to);
                }
            }
        }

        return false;
    }
```

　　二，如果频繁地查询无向图上两点间的连通性，那么每次都做 BFS 显然是不划算的，就算加上缓存，当图比较大的时候缓存的命中率也会很低。那么，有什么办法可以让我们"一劳永逸"吗？答案是："有！"

　　还记得我们之前学过的并查集吗？我们完全可以把无向图上的顶点都扫描一遍并用并查集建立起它们之间的连通关系，之后只需要查询起点和目标点是不是隶属于同一个根就可以了。代码如下：

```
public class Connectivity {
    private Map<Integer, Integer> map;

    public Connectivity(List<List<Integer>> g) {
        map = new HashMap<>();
        unionVertices(g);
    }

    private int find(int child) { // 并查集之"查"
        if (!map.containsKey(child))
            map.put(child, child);
        while (child != map.get(child))
            child = map.get(child);
        return child;
```

```
    }

    private void union(int u, int v) { // 并查集之"并"
        int uRoot = find(u), vRoot = find(v);
        if (uRoot != vRoot) map.put(uRoot, vRoot);
    }

    private void unionVertices(List<List<Integer>> g) {
        for (var from = 0; from < g.size(); from++)
            for (var to : g.get(from))
                union(from, to); // 核心：根据邻接关系联合顶点
    }

    public boolean isConnected(int u, int v) {
        return find(u) == find(v);
    }

    public int componentCount() {
        var count = 0;
        for (var key : map.keySet())
            if (key == map.get(key)) count++;
        return count;
    }
}
```

一旦以一个无向图作为构造器参数创建出一个 Connectivity 实例后，我们就可以不断地调用其 isConnected 来快速检查两个顶点之间的连通性了。作为"副产品"，调用 componentCount 方法我们还能得到这个无向图是由多少个不相连的组件（component）所构成——并查集中有几个根图就有几个不相连的组件。当一个图（无论有向无向）的组件数大于 1 的时候，它就是一个"非连通图"（disconnected graph），否则就是一个"连通图"（connected graph）。

特别提醒大家注意的是：无论是双源 BFS 法还是并查集法，都不适用于有向图。道理很简单——即便起点与目标点都与某个顶点有连通性也不能证明起点与目标点之间是有路径相连的，就像下图中的 0 与 4：

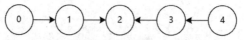

换句话说，双源 BFS 法或并查集法只能帮我们证明有向图上的两个顶点是否隶属于图的同一个组件，而不能证明它们之间有连通性（无论是单向的还是双向的）；在无向图上，一旦两个顶点隶属于同一个组件，那么它们之间一定是双向连通的。

环对连通性的影响

环路和连通性是两个关系非常密切的问题。如果我们把"环"的顶点数限制为至少为3，那么，在有向图上，如果起点与目标点有连通性，目标点与起点之间也有连通性，要么是这两点处在一个环路上，要么是这两点由两条方向相反的边直接相连。无向图上则要复杂一些：两点之间必须至少有两条路径，且这两条路径不共享任何边的时候，这两点才处在同一个环路上。

图上的环路是一个非常有趣的话题，比如"欧拉回路"、"汉密尔顿环"等都属于这一范畴。但这个话题超出了本书的范围（至少是这一版的范围），所以我们暂时放下。

强连通性组件

聊完了连通性，咱们再来聊聊强连通性（strong connectivity）。给定图上的两个顶点 u 和 v，如果 u 到 v 有连通性，v 到 u 也有连通性，那么 u 和 v 之间的连通性就是强连通性（注：一个顶点与自身之间可看作有强连通性）。如果图上有一组顶点，它们两两之间都有强连通性，那么这组顶点和它们之间的边就构成了一个强连通性组件（strongly connected component, SCC）。注意，组件和强连通组件是有区别的——组件与组件之间是完全没有连通性的，而两个强连通性组件可能是一个组件的两个部分，只是分属于这两个部分的顶点之间有强连通性，而这两个部分之间只有意向连通性（注：如果这两个部分之间也有强连通性，那么这两个部分就合并成一个了）。

那么，两个顶点之间在什么情况下就会有强连通性呢？总结一下就是：

● 有向图上的两个顶点之间有两条方向相反的边直接相连。

● 有向图上的两个顶点处在同一个环上，即有两条相反的路径相连。

● 无向图上的两个顶点之间只要有连通性，那就一定是强连通性。

● 有向无环图（DAG）上不可能有强连通性的顶点。

显然，通过总结我们发现，强连通性对于有向有环图更具意义。如下图，它就是一个有向有环图。对图(a)稍加观察就能发现，它包含有两个强连接组件：顶点 0 独立成为一个，顶点 1、2、3、4 是一个，且两个组件之间是单向连通——尽管顶点 0 与顶点 1、2、3 之间都有边相连，但这三条边都是由一个强连接组件发出、进入另一个强连接组件，所以只能抽象为一个单向连接。图(b)是图(a)的反转图（transpose graph），即把图(a)中所有边的方向都反转之后所得到的图。观察图(b)，你会发现一个有趣的现象，那就是：图(a)中的强连接组件在其反转图图(b)中仍然是强连接组件，而两个强连接组件之间的单向连通也仍然是单向连通，只是方向相反了。

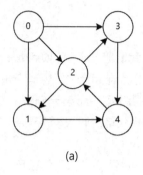
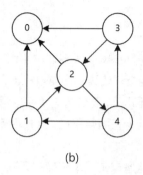

(a)   (b)

Kosaraju–Sharir 算法

利用（有向图的）正反向图中强连接组件相同这一特性，S. Rao Kosaraju 和 Micha Sharir 两位科学家分别独立发现了在有向图上获取强连接组件的算法。算法分为如下三步：

（1）对正向图做完整的后序 DFS，将顶点按访问顺序存储在一个列表 L 中。

（2）为正向图生成其反转图。

（3）从尾到头，用列表 L 中的元素作为入口点对反转图做 DFS，每得到一个组件就是一个强连通组件。

一个有趣的问题是：为什么要逆序使用列表中的元素。要解释这个问题，可以这样来思考：

- 首先，在正向图上，以迭代顶点的方式做 DFS 直至访问完所有结点，无论你以什么样的顺序迭代顶点，最终由后序 DFS 生成的列表里 1、2、3、4 都会排在前面，0 都会排在最后，这是它们之间的连通性所致。换句话说就是：一个强连通组件里的顶点都进入列表了，才会轮到下一个强连通组件的顶点进入列表；隔开组件的，要么是一个单向连通性（例如先以 0 作为出口点），要么是迭代顺序（例如 0 是最后一个被迭代到的顶点）。

- 然后，我们知道强连接组件之间的连接性肯定是单向的，理论上只要"割断"这些边，强连接组件就会浮现出来了。可是我们并不知道是哪些边构成了强连接组件之间的单向通路。于是我们干脆反转所有的边，因为强连通组件在反转图中仍然是强连通的，所以就相当于只反转了那些构成强连接组件间单向通路的边们。而且，它们仍然构成着与过去方向相反的意向连通。

- 现在，我们可以利用强连接组件顶点间仍然存在的连通性把组件一个一个从列表中"摘"下来。这时候，如果按倒序迭代列表里的元素，仍然具有强连通性的顶点们就会聚在一起，而反转后的单向通路则正好起到了一个组件间"阻隔"的作用，且我们不必关心强连接组件间的"阻隔"具体在什么位置，只需要知道它们存在、可以放心迭代就足够了。

循着这个思路，算法可由三个函数来组合实现。第一个函数，构建正向图和反转图：

```
public static List<List<Integer>> buildGraph(
        int vCount, int[][] raw, boolean isTranspose) {
    var g = new ArrayList<List<Integer>>();
    for (var v = 0; v < vCount; v++)
        g.add(new ArrayList<>());
    for (var r : raw)
        if (isTranspose)
            g.get(r[1]).add(r[0]);
        else
            g.get(r[0]).add(r[1]);
    return g;
}
```

第二个函数，以后序 DFS 的方式将顶点放入列表：

```
public static void collect(
        List<List<Integer>> g, int from,
        Set<Integer> visited, List<Integer> vertices) {
    if (!visited.add(from)) return;
    for (var to : g.get(from))
        collect(g, to, visited, vertices);
    vertices.add(from); // 后序
}
```

第三个函数，两次 DFS：

```
public static List<List<Integer>> getSCCs(int vCount, int[][] raw) {
    // 准备正向图和反转图
    var g = buildGraph(vCount, raw, false);
    var tg = buildGraph(vCount, raw, true);

    // 迭代顶点，并用后序 DFS 收集顶点
    var visited = new HashSet<Integer>();
    var vertices = new ArrayList<Integer>();
    for (var v = 0; v < vCount; v++)
        if (!visited.contains(v))
            collect(g, v, visited, vertices);

    // 收集强连接组件
    visited.clear();
    var sccList = new ArrayList<List<Integer>>();
    for (var i = vertices.size() - 1; i >= 0; i--) {
        var v = vertices.get(i);
```

```
        if (visited.contains(v)) continue;
        var scc = new ArrayList<Integer>();
        collect(tg, v, visited, scc);
        sccList.add(scc);
    }


    return sccList;
}
```

如是测试代码：

```
public static void main(String[] args) {
    int[][] raw = { // {from, to}
        {0, 1}, {0, 2}, {0, 3}, {1, 4},
        {2, 1}, {2, 3}, {3, 4}, {4, 2}};

    var sccList = getSCCs(5, raw);
    for (var scc : sccList)
        System.out.println(scc);
}
```

可以获得输出：

```
[0]
[3, 4, 2, 1]
```

如果你尝试反转 0->1、0->2、0->3 这三条边中的任意一条或两条（不能三条都反转），你会发现强连通性组件从两个减少到了一个。另外，无论是单组件有向图还是多组件有向图，这个算法都是可用的，这个例子中我们只有一个单组件图，大家可以自行测试多组件图。如果你想知道是哪些边构建了强连通组件之间的单向连通，只需要把所有边迭代一遍，那些两个顶点分属于不同组件的边（们）就是了（注：可把强连通性组件们放入并查集，以提高顶点分属查询的效率）。

图上的路径

如果"能不能从一个城市通往另一个城市"的答案是肯定的，那么下一个问题八成会是"怎么去"了。现实世界中，我们把从出发点到目的地之间的通路称为路径，在图模型上也差不多——我们把图上从一个顶点到（与它有连通性的）另一个顶点之间的边按顺序连接成的通路称为路径（path）。

因为路径能让我们从一个地方到另一个地方、达成某些目的，所以，它总是和美好的描述联系在一起。像"曲径通幽处，禅房花木深"、"晚上寒山石径斜，白云生处有人家"等，以至于我们常常过于关注路径这个工具、特别在意"终南捷径"中的这个"捷"，而忘记了"书山有路勤为径"里还有个"勤"字。

那么，在图上应该如何获取两个顶点间的路径呢？

首先，图跟树不同，图是没有"叶子结点"一说的，所以我们不能像在树上找路径那样从根出发、到叶子收尾（或者反过来），所以，在图上寻找路径的时候一定要明确地给出起始顶点和目标顶点。其次，我们得决定在什么图上寻找路径。虽然说路径是由边构成的，但我们只要确定了一条边的起点和终点，那么这是哪条边也就确定了，或者说，当单纯地寻找路径时，无权图就足够了，所以，这一节的例子都是在由邻接列表来表达的无权图上展开的。最后，如果起止顶点之间连连通性都没有，那是不可能找到路径的，而连通性测试的成本又比较低（只有 O(n)），所以，现实工作中我们应该先做一次连通性判断，然后再开始寻找路径，而不是一上来就寻找路径，当空手而归的时候再告诉调用者两点之间根本没有连通性。为了简洁起见，本节中的例子使用的都是有连通性的顶点，请记住：工作中遇到的问题往往都很现实，远不像书中的那么"阳春白雪"。

算法方面，无论是递推思想还是递归思想都能帮我们从图中获取路径，只是我们已经不再以"递推"或者"递归"来称呼它们，反而是更习惯用"BFS 式"还是"DFS 式"来进行沟通——这两种方法背后的思维方式都是递推的，这一点似乎已经被忽略了，讲出来又显得很矫情。用"真正的"递归，也就是"自底向上"的递归，也可以获取路径，只可惜图没有"叶子"，这个"底"说得略显底气不足。回溯也是获取路径的利器。这样说来，本节的内容颇像第 01、02 章的一个"升级+复刻"版。

下面，我们就分别使用这些方法在图上获取顶点间的路径。我们的目标是在下面这个图模型上搜寻 0 与 2 之间的所有路径。显然，结果集里应该有三条路径，分别是 0->2、0->1->4->2 和 0->3->4->2。

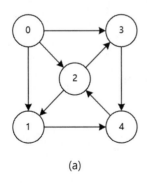

(a)

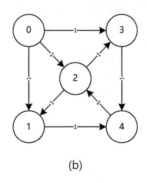

(b)

提醒一句，所有使用 Set<E>实例记录顶点访问历史、同时使用 List<E>保存路径结果的地方，都可以使用 JDK 特有的 LinkedHashSet<E>来进行"二合一"式的替代，不再赘述，请大家自行尝试。

BFS 式路径搜寻

BFS 式路径搜寻与 BFS 的相似之处在于：它们都是以起始顶点为中心的，在避免重复访问顶点的情况下、逐层向外推进的。因为是逐层推进，所以 BFS 式路径搜寻找到的第一条路径一定是无权最短路径。

它们的不同之处在于：

（1）BFS 用于防止重复顶点访问记录是全局的，而 BFS 式路径搜寻的每条路径都必须有自己独立的顶点访问记录。

（2）BFS 的终止条件是所有连通的顶点都已经遍历到，而 BFS 式路径搜寻的终止条件是所有可能的路径都已经探查完毕。

代码如下：

```java
public static List<List<Integer>> getPaths(List<List<Integer>> g, int start, int end) {
    var paths = new ArrayList<List<Integer>>(); // 路径集
    var visited = new HashSet<Integer>();
    var path = new ArrayList<Integer>();
    visited.add(start); path.add(start);
    var vq = new LinkedList<HashSet<Integer>>();
    var pq = new LinkedList<ArrayList<Integer>>();
    vq.offer(visited); pq.offer(path);
    while (!vq.isEmpty()) {
        visited = vq.poll(); path = pq.poll();
        var from = path.get(path.size() - 1);
        for (var to : g.get(from)) {
            if (visited.contains(to)) continue; // 有环，舍弃
            var visitedExt = new HashSet<>(visited);
            var pathExt = new ArrayList<>(path);
            visitedExt.add(to); pathExt.add(to); // 扩展路径和访问记录
            if (to == end) {
                paths.add(pathExt);
            } else {
                vq.offer(visitedExt); pq.offer(pathExt);
            }
        }
    }

    return paths;
}
```

如果我们只想找到一条无权最短路径，那么在第一次触发 to == end 时就可以返还结果了。仔细观察这个函数的调用结果，你会发现结果集中的第一个路径也是最短路径。道理也很简单——无权最短路径的尽头一定是最先到达的，所以也是最先被加入结果集的。不排除

一个图上有多条无权最短路径，但它们的长度肯定都是一样的。

　　另外，这版代码的内存开销是很大的——为每个路径我们都配备了一个 HashSet<E> 实例和一个 ArrayList<E> 实例，并且每层都会创建新实例。同时，每层都要丢弃不完全或不合格（有环）的路径，以及它们的顶点访问记录。

DFS 式路径搜寻

　　保持（隐含的）递推思想不变，我们很容易就能从 BFS 式路径搜寻代码修改出一版 DFS 式的来：

```java
public static void getPaths(
        List<List<Integer>> g, int from, int end,
        Set<Integer> visited, List<Integer> path,
        List<List<Integer>> paths) {
    visited.add(from); path.add(from);
    if (from == end) {
        paths.add(path);
    } else {
        for (var to : g.get(from)) {
            if (visited.contains(to)) continue;
            var visitedExt = new HashSet<>(visited); // 此三行可并作一行
            var pathExt = new ArrayList<>(path);
            getPaths(g, to, end, visitedExt, pathExt, paths);
        }
    }
}
```

　　虽然在内存的消耗方面没有什么改观，而且还要冒些调用栈溢出的风险，但这版的代码的确是短了不少。如果你不想让这个递归函数有这么多参数，可以考虑把 visited、path 和 paths 都转换为字段。

自底向上式路径搜寻

　　很早的时候我们就讨论过——自带"对齐效果"的自底向上式递归才是纯正的递归。因为图上没有"叶子"一说，所以，搜寻路径时的"底"就是路径的终点，"顶"自然就是路径的起点了。自顶向下式的递归代码靠参数向下层调用传递"半成品"结果，自底向上式的递归代码则倚重返回值向上层调用传递"半成品"结果。于是，我们得到代码：

```java
public static List<List<Integer>> getPaths(
        List<List<Integer>> g, int from, int end, Set<Integer> visited) {
    visited.add(from);
    var paths = new ArrayList<List<Integer>>();
    if (from == end) { // 种子：路径的尽头
```

```
            var path = new LinkedList<Integer>();
            path.add(end); paths.add(path);
        } else {
            for (var to : g.get(from)) {
                if (visited.contains(to)) continue;
                var visitedExt = new HashSet<>(visited); // 此三行可并作一行
                var subPaths = getPaths(g, to, end, visitedExt);
                for (var path : subPaths) {
                    path.add(0, from); paths.add(path);
                }
            }
        }

        return paths;
    }
```

如果将 if 语句 true 分支和 false 分支中的公共部分提取出来，就能得到一个工程上简洁但语义上略显晦涩的版本。其实这样的代码充斥着各种书籍，虽然在工程方面"一步到位"了，但挺妨碍学习者理解算法思想的。代码如下：

```
public static List<List<Integer>> getPaths(
        List<List<Integer>> g, int from, int end, Set<Integer> visited) {
    visited.add(from);
    var paths = new ArrayList<List<Integer>>();
    if (from == end) {
        paths.add(new LinkedList<>());
    } else {
        for (var to : g.get(from)) {
            if (visited.contains(to)) continue;
            var visitedExt = new HashSet<>(visited); // 此三行可并作一行
            var subPaths = getPaths(g, to, end, visitedExt);
            paths.addAll(subPaths);
        }
    }

    // 公共部分：将本层顶点插入到所有路径开头
    for (var path : paths) path.add(0, from);
    return paths;
}
```

因为"自底向上"法既不好想清楚、又不好实现，而且在内存使用方面也没什么优势，所以无论是工作、竞赛还是面试时都很少用到，把它写出来的目的就是为了丰富思路和编码经验——当面对多个方法犹豫不决的时候，如果你知道其中某个方法不易思考、不好实现，可以帮助你及早舍弃它，变相地坚定了你选择其他方法的决心和信心。

回溯式路径搜寻

在第 02 章里我们曾提到过"回溯式递归"的思想源于对迷宫的探索。现在，我们又拿起了回溯式递归这个工具——一个设计完备的迷宫可不就是一个图嘛！于是，手执"阿里阿德涅之线"的我们就得到了如下的代码：

```java
public static void explore(
        List<List<Integer>> g, int from, int end,
        Set<Integer> visited, List<Integer> path,
        List<List<Integer>> paths) {
    visited.add(from);
    path.add(from);
    if (from == end) {
        paths.add(new ArrayList<>(path));
    } else {
        for (var to : g.get(from)) {
            if (visited.contains(to)) continue;
            explore(g, to, end, visited, path, paths);
        }
    }
    path.remove(path.size() - 1);
    visited.remove(from);
}
```

用回溯式递归简短明快、节奏感强，同时又十分节省内存和运算开销，可以说是在图上穷举两点间路径的最佳方案。由于"自顶向下"和"自底向上"的递归繁琐而低效，所以我并没有将它们转换为用 Stack<E> 来代替调用栈的递推版。但富有禅意的回溯式递归版绝对值得转换为递推版。代码如下：

```java
public static List<List<Integer>> explore(
        List<List<Integer>> g, int start, int end) {
    var paths = new ArrayList<List<Integer>>();
    var visited = new HashMap<Integer, Iterator<Integer>>();
    var path = new Stack<Integer>();
    visited.put(start, g.get(start).iterator());
    path.push(start);
    while (!path.isEmpty()) {
        var from = path.peek();
        var iterator = visited.get(from);
        if (from == end) { // 找到路径
            paths.add(new ArrayList<>(path));
            path.pop(); visited.remove(from);
        } else if (!iterator.hasNext()) { // 行至尽头
            path.pop(); visited.remove(from);
```

```
        } else { // 继续向深处探索
            var to = iterator.next();
            if (!visited.containsKey(to)) {
                visited.put(to, g.get(to).iterator());
                path.push(to);
            }
        }
    }

    return paths;
}
```

获取环路

搜寻路径的时候，我们只关注无权图，所以不存在权对路径的影响。而从有向图变成无向图仅仅是边的增加，我们的代码依然适用。在所有版本的代码中，我们都有一个顶点访问历史记录器（visited），它的作用就是为了防止图上的环路使代码陷入无限循环或无限递归，所以，环路并不会影响我们搜寻路径。

但有的时候，我们的任务就是要探测一个图上有没有环，可能还要把环路保存下来。怎么做呢？并不难——仔细观察回溯式递归搜寻路径的代码就能发现，其实它已经具备了探测和保存环路的能力！我们只需做做"减法"、移除它保存路径的功能就可以了。如果需要它保存环路，我们只需告诉它环路上最少有几个顶点就可以了。

递归版代码如下：

```
public static void getCycles(
        List<List<Integer>> g, int from, int cycleLen,
        Set<Integer> visited, List<Integer> path,
        List<List<Integer>> cycles) {
    visited.add(from);
    path.add(from);
    for (var to : g.get(from)) {
        if (visited.contains(to)) {
            var pos = path.indexOf(to);
            if (path.size() - pos >= cycleLen) {
                var cycle = new ArrayList<>(path.subList(pos, path.size()));
                cycles.add(cycle);
            }
        } else {
            getCycles(g, to, cycleLen, visited, path, cycles);
        }
    }
    path.remove(path.size() - 1);
    visited.remove(from);
}
```

用 List<Integer>代替函数调用栈后的递推版，代码如下：

```java
public static List<List<Integer>> getCycles(
        List<List<Integer>> g, int start, int cycleLen) {
    var cycles = new ArrayList<List<Integer>>();
    var visited = new HashMap<Integer, Iterator<Integer>>();
    var path = new ArrayList<Integer>();
    visited.put(start, g.get(start).iterator());
    path.add(start);
    while (!path.isEmpty()) {
        var tailIndex = path.size() - 1;
        var from = path.get(tailIndex);
        var iterator = visited.get(from);
        if (!iterator.hasNext()) { // 行至尽头
            path.remove(tailIndex);
            visited.remove(from);
        } else { // 继续向深处探索
            var to = iterator.next();
            if (!visited.containsKey(to)) {
                visited.put(to, g.get(to).iterator());
                path.add(to);
            } else {
                var pos = path.indexOf(to);
                if (path.size() - pos >= cycleLen) {
                    var cycle = new ArrayList<>(path.subList(pos, path.size()));
                    cycles.add(cycle);
                }
            }
        }
    }

    return cycles;
}
```

使用这两个函数的时候有几点需要注意的地方：

（1）想探测一个图上有没有环，需要尝试将每个顶点都当作入口点。

（2）所获得的环路存在大量的重复，需要另写函数去重。

（3）subList 方法并不能产生一个独立的 List<E>，而且它的索引取值区间为左闭右开。

思考题

我们可以沿着这样一个方向来对图进行简化：将有向有环图上的环都去掉，图就变成了有向无环图（directed acyclic graph, DAG），让有向无环图上的顶点不共享下一层顶点，有向无环图就变成了树。请思考这样两个问题：

（1）使用 BFS 和 DFS 进行遍历的时候，有向有环图、有向无环图、树是否需要记录顶点访问历史？为什么？

（2）进行 BFS 式或 DFS 式路径搜寻的时候，有向有环图、有向无环图、树是否需要记录顶点访问历史？为什么？

最短路径

有句谚语是："条条大路通罗马（All Roads Lead to Rome）。"如果抽象成图模型，指的就是从正在被访问的某个顶点到罗马这个顶点有着很多条路径。时间和资源的有限性无时不刻不在塑造着我们的大脑，让节省成本、寻找捷径成为全人类共同的行为。所以，当路径多于一条的时候，我们总会习惯性地问："哪条路径最短呢？"

如果边没有权重（相当于每条边的权重都一样），那么两个顶点间的最短路径一定是边最少路径，这称为"无权路径"，用 BFS 式算法就能找到。但当边上的权重不完全一样时，BFS 就无能为力了。也就是说，对于考虑权重的"有权路径"来说，我们需要设计新的算法。穷举出所有的路径然后再进行比较当然也是一种算法，但它的性能太低了——假设顶点数为 n 的无向图上每个顶点与其他的顶点都是相连的，那么穷举路径的时间复杂度是 $O(n^2)$。

本节中，在设计最短路径算法的时候，我们将采用下面的图模型：

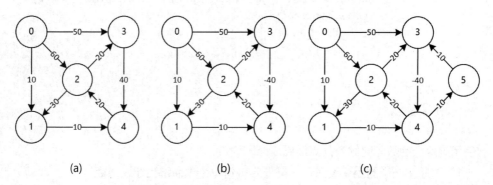

(a)　　　　　　(b)　　　　　　(c)

很显然，它们是有向有权图。仔细观察你会发现，它们的边的方向与上一节中的图模型是一致的，所以，从 0 到 2 有哪些路径你已经很了解了。但因为需要考虑权重，所以总权重为 40 的 0->1->4->2 这条路径是最短路径（或者说"最优路径"）。0->2 这条路径虽然是无权最短路径，但它的总权重是 60；0->3->4->2 这条路径的总权重则是 110，所以这两条都不是最短路径。图(b)中我们将 3 与 4 之间的权重变成了-40，这样我们就有了一条"负边"，看看这种情况下算法会受到什么样的影响。图(c)则在图(b)的基础上添加了顶点 5，并且 3->4->5 形成了一个总权重为负的"负环"，我们会研究负环对最短路径所产生的影响。

构建这三个图的代码如下：

```
public static void main(String[] args) {
    int[][] aRaw = { // {from, to, weight}
            {0, 1, 10}, {0, 2, 60}, {0, 3, 50}, {1, 4, 10},
            {2, 1, 30}, {2, 3, 20}, {3, 4, 40}, {4, 2, 20}};

    int[][] bRaw = { // {from, to, weight}
            {0, 1, 10}, {0, 2, 60}, {0, 3, 50}, {1, 4, 10},
            {2, 1, 30}, {2, 3, 20}, {3, 4, -40}, {4, 2, 20}};

    int[][] cRaw = { // {from, to, weight}
            {0, 1, 10}, {0, 2, 60}, {0, 3, 50}, {1, 4, 10},
            {2, 1, 30}, {2, 3, 20}, {3, 4, -40}, {4, 2, 20},
            {4, 5, 10}, {5, 3, 10}};

    var ga = buildWeightedGraph(5, aRaw);
    var gb = buildWeightedGraph(5, bRaw);
    var gc = buildWeightedGraph(6, cRaw);
}
```

函数 buildWeightedGraph 和相关的 Edge 类代码可以在图的表达一节找到。同时，为了能让边根据其权重排序，我们创建了 EdgeComparator 这个类，并让它实现了 Comparator<T>这个接口，代码如下：

```
public class EdgeComparator implements Comparator<Edge> {
    public int compare(Edge e1, Edge e2) {
        if (e1.weight > e2.weight) return 1;
        if (e1.weight < e2.weight) return -1;
        return 0;
    }
}
```

Dijkstra 最短路径算法

　　Dijkstra 算法是用于在图上搜寻给定起点和终点间最短路径的算法。因为给定了起点，所以它是一种单源最短路径（single-source shortest path, SSSP）算法。Dijkstra 算法有两个版本，一个是应用了贪心算法（greedy algorithms）的"快速版"，另一个则是没有应用贪心算法的"慢速版"。"快速版"一定比"慢速版"好吗？学完这节我们就可以回答这个问题了。

　　因为"慢速版"是 Dijkstra 算法的思想来源，所以我们先从它开始。Dijkstra 算法的基本原理就是：像 BFS 一样从起点向四周推进并累加所经边的权重，允许一个顶点被访问多次，但只保留到达这个顶点时累加权重最小的一次。当某个顶点被多次访问并且后面访问的累加权重比前面的小时，我们就用较小的累加权重代替之前较大的，这个行为称作"松弛"（relax，与 tighten 意义相反）——如果把起点到这个被多次访问的顶点之间的路径比作一根弦，累加权重比作绷紧着这根弦的张力，那么，当累加的权重不断降低时，当然是在"松弛"这条弦。当某个顶点被松弛后，确切地说是"从起点到某个顶点之间的不完全路径被松弛后"，那么由这个顶点出发的路径也就被松弛了，所以需要重新计算。

实现这个算法思想，我们得到如下代码：

```java
public static int[][] find(List<List<Edge>> g, int start) {
    var vCount = g.size();
    int[] in = new int[vCount], w = new int[vCount];
    Arrays.fill(w, Integer.MAX_VALUE); // 相当于填满正无穷大
    in[start] = start; w[start] = 0; // 起点由起点进入，累加权重为 0
    var q = new LinkedList<Integer>();
    q.offer(start);
    while (!q.isEmpty()) {
        var from = q.poll();
        for (var e : g.get(from)) {
            var ww = w[from] + e.weight;
            if (ww < w[e.to]) { // 松弛
                w[e.to] = ww;
                in[e.to] = from;
                q.offer(e.to);
            }
        }
    }

    return new int[][]{in, w};
}
```

相信你已经注意到了：find 函数的参数里只有 start 而没有 end，这是因为"慢速版"的 Dijkstra 算法并没有一个明确的"指向性"，而是试图把所有与起始顶点有连通性的顶点都松弛到正确的权重上。在代码中，我们用整数数组 in 来记录在最松弛的路径上顶点之间的进入关系（即"从哪里来"），整数数组 w 则帮我们记录了最松弛的累加权重。为了从 in 中把路径"解码"出来，我们需要这样一个函数：

```java
public static List<Integer> extractPath(int[] in, int end) {
    var path = new LinkedList<Integer>();
    while (end != in[end]) {
        path.addFirst(end);
        end = in[end];
    }

    path.addFirst(end);
```

```
        return path;
    }
```

如果用图(a)来测试 find 函数：

```
int start = 0, end = 2;
var res = find(ga, start); // 依次代入 ga/gb/gc
var path = extractPath(res[0], end);
System.out.println(path);
System.out.println(res[1][end]);
```

我们能看到输出结果[0, 1, 4, 2]和 40。的确，图(a)上的最短路径是 0->1->4->2，路径权重是 40。将代码中的 ga 换成 gb，即用图(b)来进行测试，则可看到最短路径变成了[0, 3, 4, 2]，且路径权重是 30，也是正确的。可见，"慢速版"Dijkstra 算法是能够应对负边的。

但如果把 gc 代入测试，你会发现程序停不下来了！为什么呢？因为图(c)里有个负环。一旦负环上的顶点进入队列里，那么逻辑在负环上每转一圈，这些顶点就会被松弛一次——因为负环可以让累加权重无限减小，于是乎，队列 q 就一直不会变空，程序也就一直停不下来了——除非你真的很有耐心，一直等到 Java 的负数运算溢出后得到一个正数，可那又有什么用呢？结果是错的。

所以，我们的结论是："慢速版"Dijkstra 算法可以用来获取无负环有权图上的最短路径。图的有无向不会影响这个算法。图上有正环的时候也没关系，因为在正环上转一圈的话累加权重肯定会增加、绝对不会导致松弛的发生（这就好像屋子外面在下雨，无论雨大雨小，只要你出去转一圈，身上绝对会比坐在屋子里不动要湿）。如果图上有多条最短路径呢？"慢速版"Dijkstra 算法只会帮我们保留其中的一条，至于是哪条，要看邻接列表里边的存储顺序了。另外，因为"慢速版"Dijkstra 算法会"扎扎实实"地为每一个所路过的顶点（即与起点有连通性的顶点）进行松弛，所以结果集 in 和 w 里其实是记录了起点到全部这些顶点的最短路径和累加权重，这就是为什么我们称"慢速版"Dijkstra 算法为"单源全对最短路径"（single-source all-pairs shortest path, SSAPSP）算法的原因。

理解了 Dijkstra 算法的"慢速版"，下面让我们来看看它的"快速版"。我们知道，想对一个算法进行提速的话，首先要做的就是尽可能地避免重复运算。"慢速版"Dijkstra 算法的特点是"扎实"——每个与起点相连通的顶点都被细致地"松弛"过，特别是那些被多条路径所共享的顶点，会被探测多次。被路径所共享的顶点被探测多次，这就是"慢速版"的重复之所在。一个问题摆在面前就是：有没有可能让对顶点的松弛"一步到位"、只探测一遍？答案是"有"，而方法则是把"慢速版"中的队列（Queue<E>）更换为优先队列（PriorityQueue<E>），然后我们总是优先用累加权重最小的（即最松弛的）不完整路径作为基础来向外围延伸。因为我们总是选择最松弛不完整路径，所以最先触及终点、达到完整的路径就是最短路径——这是"贪心算法"（greedy algorithm）的典型应用。借着这个思路，我们可以把代码升级为：

```
public static int[][] find(List<List<Edge>> g, int start, int end) {
    var vCount = g.size();
    int[] in = new int[vCount], w = new int[vCount];
    Arrays.fill(w, Integer.MAX_VALUE); // 相当于填满正无穷大
    in[start] = start; w[start] = 0; // 起点由起点进入，累加权重为 0
    var pq = new PriorityQueue<>(new EdgeComparator()); // 升级!
    var seed = new Edge(start, start, 0);
    pq.offer(seed);
    while (!pq.isEmpty()) {
        var mostRelaxed = pq.poll(); // 总是获取最松弛的虚拟边
        if (mostRelaxed.to == end) break; // 触及终点
        var from = mostRelaxed.to;
        for (var e : g.get(from)) {
            var ww = w[from] + e.weight;
            if (ww < w[e.to]) { // 松弛
                w[e.to] = ww;
                in[e.to] = from;
                pq.offer(new Edge(start, e.to, ww)); // 压入松弛后的虚拟边
            }
        }
    }

    return new int[][]{in, w};
}
```

在代码中，我们将松弛后产生的不完整路径看作一条由起点到刚被松弛的顶点的"虚拟边"，并把它压入优先队列中。一旦从优先队列中弹出的"当前最松弛的虚拟边"触及到了终点，我们就找到了最短路径，循环立刻被打断。

不像"慢速版"，"快速版"需要知道终点是谁。将图(a)代入算法做如下测试：

```
int start = 0, end = 2;
var res = find(ga, start, end); // 依次代入 ga/gb/gc
var path = extractPath(res[0], end);
System.out.println(path);
System.out.println(res[1][end]);
```

我们能得到输出[0, 1, 4, 2]和40，结果正确。但如果尝试代入带有负边的图(b)，我们仍然得到输出[0, 1, 4, 2]和40，而不是期望中的[0, 3, 4, 2]和30。这是为什么呢？仔细观察你就会发现，因为优先队列总是会把最松弛的虚拟边先弹出来，结果就是权重为50的、从0到3的边一直没机会弹出来，所以也就没机会与它后面的权重为-40的边相结合。这时，如果你把从0到3的边的权重改为30，就能得到正确结果[0, 3, 4, 2]和10。这又是为什么呢？原因很简单，当从0到3的边权重由50降为30的时候，这条边就有机会从优先队列中弹出来了，进而也就有机会与权重为-40的边结合为更松弛的虚拟边，直到发现最短路径。由此

可见，Dijkstra 算法的"快速版"不具备妥善应对负边的能力。那么，如果把 gc 代入算法呢？你会看到[0, 1, 4, 2]和 40 的错误结果。如果把图(c)中从 0 到 3 的边的权重降为 30 后，由 4->5->3 所形成的负环就会不断地产生"更加松弛"的负虚拟边，导致我们的算法逻辑陷进负环里、再也无法停下。所以，Dijkstra 算法的"快速版"也无法妥善地处理负环。

　　总结一下，那就是：Dijkstra 算法的"快速版"虽然能尽最大可能避免重复进行松弛操作，但它只适用于没有负边（自然也就没有负环）的图。（注：Dijkstra 算法的"快速版"能不能处理带负边和带负环的图完全是看运气——负边前的小正边能让更松弛的不完整路径进入优先队列，而负边前的大正边能阻止逻辑陷入负环，但，谁又肯把算法的正确性赌在运气上呢？）

Bellman-Ford 最短路径算法

　　如果把"慢速版"（即 Queue<E>版）Dijkstra 算法视为标杆、用"朴实中庸"来形容它，那么"快速版"（即 PriorityQueue<E>版）则可以用"灵动飘逸"来形容，因为它应用了"贪心法"。由此一来，Bellman-Ford 算法则是走向了与"快速版"Dijkstra 算法相反的一端，可以用"憨厚鲁钝"来形容，因为它应用了"穷举法"。"穷举法"是我们的老朋友了，这一次它又是怎么出场的呢？

　　假设我们有一个有向有权图，那么，最极端的情况下它的最短路径最长能有多长呢？显然，最长也就是所有顶点都在这条最短路径上了，而且这条路径上的边一定是顶点的总数减 1。于是我们就可以得到这样一个推论——用所有的边尝试去松弛每一个顶点，最多尝试顶点总数减 1 次，那么即便是最极端长的最短路径也应该浮现出来了——除非这个图上根本就没有最短路径。说的形象点儿就是：用所有的边、对所有的顶点"狂轰滥炸"顶点总数减 1 次，用"穷举法"逼最短路径现身。这哪里是什么"憨厚鲁钝"，简直是"简单粗暴"嘛……

　　循着这个思路，Bellman-Ford 算法的代码如下：

```java
public static int[][] find(List<List<Edge>> g, int start) {
    var vCount = g.size();
    int[] in = new int[vCount], w = new int[vCount];
    Arrays.fill(w, Integer.MAX_VALUE); // 相当于填满正无穷大

    in[start] = start;
    w[start] = 0;
    var allEdges = new ArrayList<Edge>();
    for (var edges : g) allEdges.addAll(edges); // 聚集所有边

    for (var i = 1; i <= vCount - 1; i++) {
        for (var e : allEdges) {
            if (w[e.from] == Integer.MAX_VALUE) continue; // 暂时无法放松
            var ww = w[e.from] + e.weight;
            if (ww < w[e.to]) { // 松弛
                w[e.to] = ww;
```

```
                in[e.to] = e.from;
            }
        }
    }

    return new int[][]{in, w};
}
```

把图(a)和图(b)代入算法，如同 Dijkstra 算法"慢速版"一样，我们得到了[0, 1, 4, 2]和[0, 3, 4, 2]两条最短路径，以及它们的累加权重 40 和 30。这说明 Bellman-Ford 与 Dijkstra 算法"慢速版"一样可以应对全正边图和有负边无负环的图，同时，他们也都是不需要终点的单源全对最短路径（SSAPSP）算法。

如果把图(c)这个带有负环的图代入算法会出现什么情况呢？结果我们发现，程序进入了死循环、停不下来了！不过，这次倒不是 find 函数陷入了负环陷阱，因为 Bellman-Ford 算法强制规定的循环的最大次数——顶点总数减 1 再乘以边的总数，所以 Bellman-Ford 算法不会停不下来。反而是我们的 extractPath 进入了死循环——因为 in 数组里的确记载了一个环路。

升级 extractPath 函数的逻辑当然是个方法，但问题的根源仍然在这版 Bellman-Ford 中。有什么办法让 Bellman-Ford 自身就带有识别负环的能力呢？当然有！我们可以这样优化它：

```java
public static int[][] find(List<List<Edge>> g, int start) {
    var vCount = g.size();
    int[] in = new int[vCount], w = new int[vCount];
    Arrays.fill(w, Integer.MAX_VALUE);
    in[start] = start; w[start] = 0;
    var allEdges = new ArrayList<Edge>();
    for (var edges : g) allEdges.addAll(edges);
    var relaxed = false; // 记录是否有松弛发生
    for (var i = 1; i <= vCount; i++) { // 多运行一次
        relaxed = false;
        for (var e : allEdges) {
            if (w[e.from] == Integer.MAX_VALUE) continue;
            var ww = w[e.from] + e.weight;
            if (ww < w[e.to]) { // 松弛
                w[e.to] = ww;
                in[e.to] = e.from;
                relaxed = true; // 标记
            }
        }

        if (!relaxed) break; // 提速! 没有可松弛的了
    }
}
```

```
        if (relaxed) return null; // 还在松弛, 定有负环
        return new int[][]{in, w};
    }
```

我们采取的办法是：使用一个 boolean 类型的变量 relaxed 来记录一趟 for 循环中是否有松弛操作发生，并且让 for 循环比之前多执行一次——执行顶点总数次。如果在多执行一次之后仍然有松弛操作发生，那说明图上必然有负环，可以返还一个 null 值作为结果，也可以抛出异常。不仅如此，这个标记还能帮助 for 循环及早退出——当一趟 for 循环走下来已经没有顶点可被松弛的时候，说明所有与起点有连通性的顶点都已经被松弛好了，不必再"轰炸"了。

Floyd–Warshall 最短路径算法

对于给定的有向有权图，如果我们想频繁地获取两个随机顶点间的最短路径，应该怎么办呢？我们当然可以预先使用 Dijkstra 或 Bellman-Ford 算法把两两顶点间的最短路径先求出来、缓存好，然后再频繁查询。但我们有一个更好的选择，那就是 Floyd-Warshall 算法。与 Dijkstra 和 Bellman-Ford 这两个单源最短路径（SSSP）算法不同，Floyd-Warshall 算法天生就是全对最短路径（all-pairs shortest path, APSP）且无需指明起点。

你可能会想："前面单源最短路径的算法都需要动点脑筋，现在 Floyd-Warshall 算法这么厉害、连源头都不用指出就能把所有顶点间的最短路径都求出来，一定很难理解吧！"恰恰相反，Floyd-Warshall 算法的原理简单到一句话就能说清，而且连小孩子都能明白——假设从城市 A 到城市 C 之间有直达的车，也有经过城市 B 中转的车，如果去 B 中转一下反而比直达还快（堵车、修路等，都有可能形成这种局面），那就中转一下好了。

基于这个简单的思想，我们再次拿出"穷举法"这个法宝，于是可以得到 Floyd-Warshall 算法的代码：

```
public static int[][][] find(List<List<Edge>> g) {
    var n = g.size(); // 顶点总数
    int[][] in = new int[n][n], w = new int[n][n];

    // 初始化
    for (var from = 0; from < n; from++) {
        for (var to = 0; to < n; to++) {
            in[from][to] = -1; // -1 表示无连通性
            w[from][to] = Integer.MAX_VALUE; // 无连通则路径权重无穷大
        }
        in[from][from] = from; // 自己到自己
        w[from][from] = 0; // 自己到自己的权重为 0
        for (var e : g.get(from)) { // 用直达边刷新
            in[from][e.to] = from;
            w[from][e.to] = e.weight;
```

```
            }
        }

        // 穷举扫描：by-from-to，层级不能错！
        for (var by = 0; by < n; by++) {
            for (var from = 0; from < n; from++) {
                for (var to = 0; to < n; to++) {
                    if (w[from][by] == Integer.MAX_VALUE
                            || w[by][to] == Integer.MAX_VALUE) continue;
                    var ww = w[from][by] + w[by][to];
                    if (ww < w[from][to]) { // 松弛
                        w[from][to] = ww;
                        in[from][to] = by; // 中转：从 from 到 to 途经 by 最划算！
                    }
                }
            }
        }

        return new int[][][]{in, w};
    }
```

测试代码如下：

```
var res = find(ga); // 分别代入 ga/gb/bc

int[][] in = res[0], w = res[1];
var path = extractPath(in[0], 2); // 解码 0 到 2 的最短路径
System.out.println(path);
System.out.println(w[0][2]); // 查询 0 到 2 最短路径累加权
```

这个函数的返还值是一个三维整数数组，比较少见，所以让我们看看如何解读它。我们的 find 函数本意是想返还两个二维整数数组（int[][]）实例。这两个二维数组的第一维都代表起点（from），而第二维则代表终点（to）。第一个 int[][] 实例中存储的是构成最短路径的边，第二个 int[][] 实例中则存储着两个顶点间最短路径的累加权重。因为函数不支持返还两个结果，所以只能把它们装在一个有两个元素的三维整数数组中返还出来。以代入图(a)后所产生的结果为例，这两个 int[][] 实例里存储的值分别是：

in		to				
		0	1	2	3	4
from	0	0	0	4	0	1
	1	-1	1	4	4	1
	2	-1	2	2	2	1
	3	-1	4	4	3	3
	4	-1	2	4	2	4

w		to				
		0	1	2	3	4
from	0	0	10	40	50	20
	1	∞	0	30	50	10
	2	∞	30	0	20	40
	3	∞	90	60	0	40
	4	∞	50	20	40	0

w 里的值比较好认，我们一眼就能认出从 0 到 2 的最短路径的累加权重为 40。那么 in

里的值应该怎么解读呢？其实 in[0]里存储的是构成以 0 为起点的最短路径的边们。比如我们想知道 0->2 之间的最短路径是什么，数组告诉我们："从 0 到 2 要经过 4 哦！"，于是我们继续查询，发现从 0 到 4 要经过 1、从 0 到 1 是直接相连、从 0 到 0 是其自身——这正好是我们之前 extractPath 函数的逻辑，直接拿来用就好了！所以，代入图(a)和图(b)后，尝试获取 0 到 2 之间的最短路径，我们能得到[0, 1, 4, 2]和[0, 3, 4, 2]的输出，以及它们的累加权重 40 和 30。

显然，由于三重 for 循环的存在，Floyd-Warshall 算法的时间复杂度为 O(n^3)，n 是顶点的总数。而且，与"慢速版"Dijkstra 算法和 Bellman-Ford 算法类似，Floyd-Warshall 算法能应对正边图和带负边的图，但应对不了带负环的图。

最小生成树

探索完最短路径，我们马上来了解一个与最短路径颇有些"纠缠不清"（当然是对初学者来说）的问题——最小生成树（minimum spanning tree, MST）。

那么，什么是最小生成树呢？我们知道，很多用于构建连通性的城市设施都是双向性的——道路、电缆、沟渠、管线……当资金比较充裕的时候，我们可以用这些设施构建起庞大的网络来，于是我们有了公路网、电网、水网、管网，等等。但当财力有限的时候，一个现实的问题就摆在面前了——如何用最少的设施把城市们连通起来呢？这个问题的本质其实是：如何去掉无向图顶点间冗余的连通性、只保留唯一的连通性，且保证顶点间两两连通呢？或者反向思考：如何从一个顶点开始，在保证不产生冗余连通性的前提下不断添加边、最终连通所有顶点呢？你会发现，当去掉冗余的连通性后，无向图就"展开"（span）成了一棵树的模样，这就是"生成树"（spanning tree）的由来。一个无向图的生成树可能会有很多，当无向图的边带有权重的时候，在这些生成树中总会有那么一棵或几棵的总权重是最小的，那么，这（些）总权重最小的生成树就是"最小生成树"了。

透过现象看本质，隐藏在最小生成树背后的数学本质是：如何找到一棵顶点平均权重最小的生成树——为了保持顶点们的连通性，顶点的个数是不会变的，所以总权重最小就意味着顶点平均权重最小。这也从侧面反映了另一个问题——冗余的连通性是最不划算的，因为冗余的连通性意味着在顶点个数（分母）不变的情况下白白添加总权重（分子），导致生成树的顶点平均权重升高。

如果你是刚刚学习完最短路径然后来到这节，那么你脑子里肯定会蹦出这样两个问题来："把图上的最短路径们接起来不就是最小生成树了吗？"和"最小生成树上两个顶点间的路径一定是最短路径吧？"让我们用下面这张图来回答这两个问题：

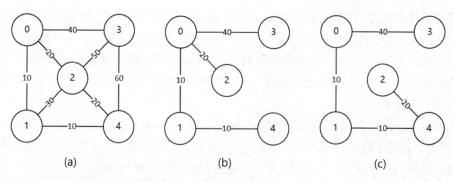

先回答第一个问题：是不是把最短路径都连接起来就能形成最小生成树。我们看到，A 与 B、A 与 C、B 与 C 之间的最短路径都是它们之间的直达边，如果把这些最短路径都选上，那么别说是最小生成树，我们连生成树都没得到！道理很简单，多条最短路径聚合在一起，有可能带来连通性的冗余。那么，第二个问题呢？最小生成树上顶点间的路径一定是最短路径吗？对于这个图来说，它的最小生成树是只保留了 A-B 和 A-C 边的树，显然这时 B 与 C 之间总权重为 40 的路径不是最短路径——B 与 C 之间权重为 30 的直达边才是，但它根本没有入选。

现在我们可以放心地说：最小生成树与最短路径之间没有必然联系。用一个现实点的例子来说就是：用最低的预算让村村都通上公路（互有通路）和让每个村之间都通上最快的路是两码事。

现在我们已经明白了最小生成树的原理，那么，在一个给定的有权无向图上怎样才能找出它的最小生成树（们）呢？这里，我们将学习两个常用的算法：一个是"顺藤摸瓜"型的 Prim 算法（Prim's algorithm），一个是"遍地开花"型的 Kruskal 算法（Kruskal's algorithm）——它们都构建在优先队列的基础之上，且有异曲同工之妙。

构建有权无向图

本节我们将使用下面的无向图图(a)作为输入数据。图(b)和图(c)则是它的两棵可能的最小生成树。

(a)　　　　(b)　　　　(c)

之前我们曾拿两条有向边来表示一条无向边，但这种做法会让最小生成树的算法变得麻烦，所以，这次我们重新设计了 Edge 类，如下。而且，为了帮助大家体验另一种让数据具有可比性的方法，这次我们让 Edge 类实现了 Comparable<T>接口，而不是像之前那样创建了专门的 Comparator<E>派生类。

```java
public class Edge implements Comparable<Edge> {
    public int v1;
    public int v2;
    public int weight;

    public Edge(int v1, int v2, int weight) {
        this.v1 = v1;
        this.v2 = v2;
        this.weight = weight;
    }

    public int compareTo(Edge that) {
        if (this.weight < that.weight) return -1;
        if (this.weight > that.weight) return 1;
        return 0;
    }
}
```

并且使用如下的代码来表达我们的有权无向图（仍然是邻接列表法）：

```java
public class Main {
    public static void main(String[] args) {
        int[][] raw = {{0, 1, 10}, {0, 2, 20},
                {0, 3, 40}, {1, 2, 30}, {1, 4, 10},
                {2, 3, 50}, {2, 4, 20}, {3, 4, 60}};

        var ga = buildGraph(5, raw);
    }

    public static List<List<Edge>> buildGraph(int vCount, int[][] raw) {
        var g = new ArrayList<List<Edge>>();
        for (var v = 0; v < vCount; v++)
            g.add(new ArrayList<>());
        for (var r : raw) {
            var edge = new Edge(r[0], r[1], r[2]);
            g.get(edge.v1).add(edge); // 边上的两顶点共享同一条边
            g.get(edge.v2).add(edge);
        }
```

```
            return g;
        }
    }
```

Prim 算法

Prim 算法的原理是：以顶点为"内核"，在保证不产生冗余的情况下，不断把与内核顶点们直接相连的、权重最小的边们收集起来，并把由边带来的新顶点纳入内核、使这棵树不断扩张、生长。因为每增加一个新顶点（增大分母）的时候，我们都严格控制着它不产生冗余且添加权重最小的边（尽可能小地增大分子），所以，最终我们能得到一棵最小生成树。

循着这个思路，我们可以把代码实现为：

```
public static List<List<Edge>> getMst(List<List<Edge>> g) {
    var vCount = g.size();
    var mst = new ArrayList<List<Edge>>();
    for (var v = 0; v < vCount; v++)
        mst.add(new ArrayList<>());
    var vertices = new HashSet<Integer>();
    vertices.add(0);
    var pq = new PriorityQueue<>(g.get(0));
    while (vertices.size() < vCount) {
        var e = pq.poll(); // 当前权重最小的边
        if (!vertices.contains(e.v1)) {
            mst.get(e.v1).add(e);
            mst.get(e.v2).add(e);
            vertices.add(e.v1);
            pq.addAll(g.get(e.v1));
        } else if (!vertices.contains(e.v2)) {
            mst.get(e.v1).add(e);
            mst.get(e.v2).add(e);
            vertices.add(e.v2);
            pq.addAll(g.get(e.v2));
        } // e.v1 和 e.v2 都已经访问过的边不做任何处理
    }

    return mst;
}
```

把图(a)的数据（即 ga）代入算法，我们就能得到与图(b)所对应的最小生成树。如果把原始数据中的{2, 4, 20}提前到{0, 2, 20}之前，那么所得结果将是与图(c)所对应的最小生成树。另外，在代码中我使用了 PriorityQueue<E> 的 addAll 方法来把与顶点相连的所有边都加进优先队列中，如果你认为这样做过于"粗犷"，那么也可以使用 for 循环来逐一加入，并在加入的时候过滤掉另一个顶点已经被访问过的边。

Kruskal 算法

与 Prim 算法逐步将边拉入优先队列的做法不同，Kruskal 算法一上来就把所有的边加入优先队列，然后让它们按权重由小到大弹出来。Kruskal 算法的原理是：从权重最小的边开始收集，只要收集一条边的时候不产生冗余即可，换句话说就是每次都让分子获得最小增量，同时避免冗余造成的只增加分子、不增加分母的情况发生。那么，如何才能知道一条边的加入会不会产生冗余呢？这就又要请出我们的老朋友——并查集了。如果一条边的两个顶点分属于不同的根，那么这条边的加入不会产生冗余，而且会将原来并无连通性的两组顶点合并为一组。

循着这个思路，Kruskal 算法可以实现为如下代码：

```java
public static List<List<Edge>> getMst(List<List<Edge>> g) {
    int vCount = g.size(), eCount = 0;
    var mst = new ArrayList<List<Edge>>();
    for (var v = 0; v < vCount; v++)
        mst.add(new ArrayList<>());
    var to = new int[vCount];
    Arrays.fill(to, -1);
    var pq = new PriorityQueue<Edge>();
    for (var edges : g) pq.addAll(edges);
    while (eCount < vCount - 1) {
        var e = pq.poll(); // 当前权重最小的边
        int r1 = find(to, e.v1), r2 = find(to, e.v2);
        if (r1 == r2) continue; // 此边会产生冗余
        union(to, e.v1, e.v2);
        mst.get(e.v1).add(e);
        mst.get(e.v2).add(e);
        eCount++;
    }

    return mst;
}

// 并查集的"查"
private static int find(int[] to, int child) {
    if (to[child] == -1) to[child] = child;
    while (child != to[child]) child = to[child];
    return child;
```

```
}

// 并查集的"并"
private static void union(int[] to, int u, int v) {
    int ru = find(to, u), rv = find(to, v);
    if (ru != rv) to[ru] = to[rv];
}
```

代入 ga 以及调整{2, 4, 20}在原始数据中的位置，会得到与 Prim 算法一样的结果。理论上我们可以等优先队列中所有的边都弹出来后再结束 while 循环，但实际上只要我们已经收集到顶点总数减 1 条边，最小生成树就已经构建完成了，因为不冗余地用无向边连通 n 个顶点只需要 n-1 条边。

最大流：超时空移花接木

"问渠那得清如许，为有源头活水来"，用这句充满禅意和哲理的诗引出我们这节的话题真是再合适不过了！只要涉及"流量"的地方，无论是水流、电流、物流还是信息流，我们都会关心一个非常重要的问题——最大流量。现实世界中，生产端的产出量和消费端的处理能力往往是比较明确、很容易获得的，但介于生产端和消费端之间一般都会有不只一条通路，而且这些通路之间还会互相交叉、关联，形成一个有方向的传输网络。正是因为传输网络的复杂性，造成它的最大吞吐量，即最大流（maximum flow），需要通过计算才能看清。

一般情况下，我们会把一个流量网络（flow network）抽象成一个允许有环路的有向图，而且这个图上会有两个独特的顶点——源点（source）和汇点（sink）——流量从源点发出，最终全部汇入汇点。流量网络上的每条边都有两个非负的重要的属性，一个是"容量"（capacity，即流量的上限），另一个是"流量"（flow，即当前流量）。流量网络的最大流就是汇入汇点的所有边的流量之和。你可以想象每条边上都有一个"阀门"可以让我们来控制它的流量，这样，我们就能把流入顶点的流量按需求分配给由这个顶点发出的各条边，同时必须保证每个顶点的输入流量和输出流量是相等的。对于一个流量网络来说，它的最大流量只有一个，但分配给每条边的流量可能会有很多方案。

下面这个有向图就是我们本节所使用的流量网络，它的最大流量是 23。边上的数字称为边的"标签"（label），用"流量/容量"来表示，流量为 0 的时候，标签只显示容量。图(a)是它的初始状态，图(b)、图(c)和图(d)则是它达到最大流量时的三个可能方案。不同的算法，或者同一个算法但扫描边的顺序不同，都有可能得到不同的方案，但不同方案所得出的最大流量是一样的。

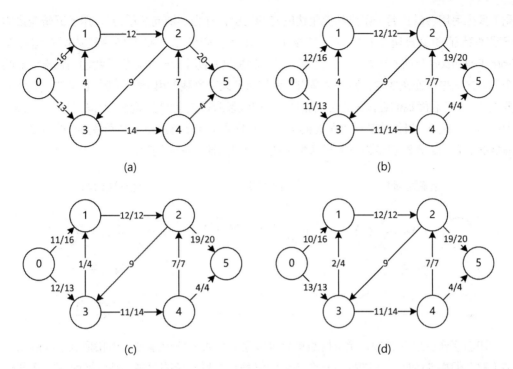

(a)　　　　　　　　　　　　　　(b)

(c)　　　　　　　　　　　　　　(d)

探寻最大流的算法有很多，本节我们将学习经典的 Ford-Fulkerson 方法（没错，这里的 Ford 就是 Bellman-Ford 最短路径算法里的 Ford）。之所以称之为"方法"（method）而不是算法，是因为这个方法是由多个步骤组成的，有些步骤的实现在不同的算法中会略有不同。下文中"Ford-Fulkerson 方法"和"Ford-Fulkerson 算法"是可以互换的概念，不必纠结。

下面我们就来拆分学习 Ford-Fulkerson 算法的每个组件，最后再把它们拼装起来、形成一个完整的算法。

余量边，反向边，余量网络，增益路径

虽然是探寻最大流量，但 Ford-Fulkerson 算法并不能直接应用在流量网络上，而是要先把流量网络转换成余量网络（residual network），再在余量网络上施展 Ford-Fulkerson 算法。那么什么是"余量网络"呢？这又得从"余量边"（residual edge）说起。

流量网络上的边称为"流量边"（flow edge），流量边有两个重要的属性——容量和流量，这些咱们之前都已经讲过。余量边是流量边的一个变种，在余量边上，我们只记录一个属性，那就是这条边的"剩余容量"。比如，一条流量边的容量是 10、流量是 8，那么把它转换成余量边，那么这条余量边的"余量"（相对于原流量边容量的剩余容量）就是 2。更重要的是，在我们将流量边转换成余量边的时候，总是把流量边转换成一对（而不是一条）余量边。这对余量边中，一条与流量边方向一致，称为"正向余量边"，用于记录流量边还

剩下多少可用容量；另一条则与流量边的方向相反，称为"逆向余量边"，用于记录流量边已经消耗了多少容量（正好等于流量）。为什么要有这么一条逆向余量边呢？这正是Ford-Fulkerson 算法的巧妙之处！逆向余量边的意义有两个，一个是告诉我们由它连接的两个顶点之间是有连通性的，另一个是告诉我们有多大容量我们可以"还给"正向边。为什么要"还"呢？后面我们会详细介绍。显然，正逆两条余量边上的容量是"此消彼长"的关系，但最小值都是 0、最大值都是流量边的容量。下图是顶点 0 与顶点 1 之间余量边的画法，一般情况下我们会省略容量为 0 的那条余量边，但你需要理解它的存在：

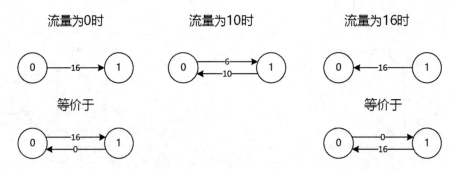

知道了什么是余量边，余量网络就好理解了。余量网络就是由顶点和顶点之间的余量边（对）们构成的图。下图是将一个流量网络表示为其相应的余量网络，请大家一定要仔细理解：

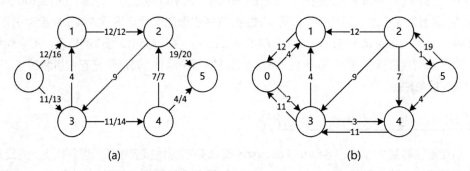

(a)　　　　　　　　　　　　(b)

理解了什么是余量网络后，我们要引入一个非常重要的概念——"增益路径"（augmenting path）。所谓"增益路径"指的就是余量网络上由余量边和相反边组成的、从源点到汇点的路径。之所以叫"增益路径"是因为这条路径一定能帮助增加最大流量。你可能会问："什么？反向边还能参与组成路径？还能增加最大流量？想不通啊！"没关系，学完下一小节你就明白了。

容量返还

容量的返还（return）指的是逆向余量边把自己所代表的、被消耗的容量还给正向余量边，即由正向余量边所代表的剩余容量增大了。有些书中也把它称为"流量抵消"（flow cancellation），但我的建议是——不要管什么流量，紧盯容量就好，不然思维容易乱掉。那么，什么是"容量返还"、容量为什么又会被"返还"呢？要搞清楚这个问题，还真得费点儿脑筋。为了降低它的理解难度，我们分两步来解释——第一步是证明容量是可以返还的，第二步是推演容量是怎样被返还的。

首先，让我们来证明容量返还的可行性。请看下面这张图（这是一张普通的示意图，既不是流量图也不是余量图）：

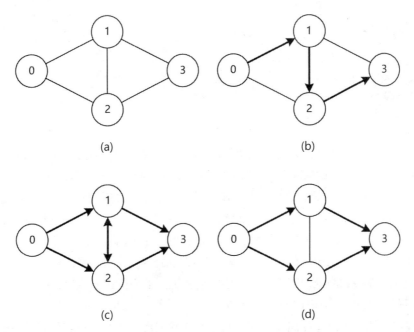

(a)　(b)

(c)　(d)

图(a)表示 0、1、2、3 四个城市之间是通公路的。假设城市 0 有个水库，水资源丰富，但城市 3 缺水，于是城市 3 请求沿着公路修建一条输水管道（沿公路修建比较好维护）。因为正赶上城市 1->3 之间的公路正在维修，所以，输水管道选择了 0->1->2->3 这样一条路径，如图(b)所示。过了一段时间，城市 3 仍然觉得水不够用，于是请求再修一条输水管道，可这时候正赶上城市 2->3 之间的公路正在维修，于是第二条输水管道选择了 0->2->1->3 这条路径，如图(c)所示。修好之后，大家发现，如果把第一条输水管道的 0->1 段和第二条输水管道的 1->3 段"混搭"起来，再把第二条输水管道的 0->2 段和第一条输水管道的 2->3 段"混搭"起来，那两条输水管道就都不用沿着城市 1 与 2 之间的公路铺设了，如图(d)所示。通过这个简单的小例子，我们可以证明一点，那就是通过适当的调度，我们可以避免对公路（或者容量）的不必要的占用。

那么问题就来了：怎样才能明智地调度容量、避免不必要的占用呢？我们这就来推演一下。请看下面这张图：

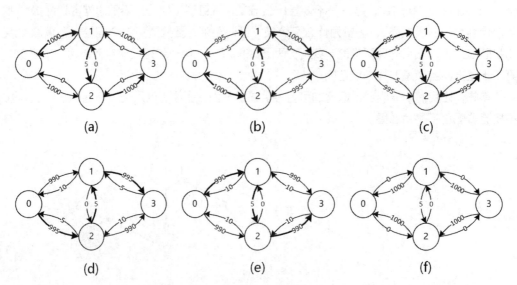

(a)   (b)   (c)

(d)   (e)   (f)

图(a)是一个余量图的初始状态。观察图(a)很容易发现：如果算法能够"智能"地选择 0->1->3 和 0->2->3 两条增益路径，那么我们很快就能得到最大流为 2000 这个答案。但算法设计不能投机，我们只能"做最坏打算"，那就是算法在图(a)上选择了 0->1->2->3 这条增益路径。0->1->2->3 这条增益路径会为最大流增加 5，并且耗尽 1->2 之间正向余量边的全部容量，同时在 2->1 之间产生一条容量为 5 的逆向余量边，此时我们得到图(b)。关键时刻到来——我们的算法在图(b)上选择了 0->2->1->3 这条增益路径，这条路径有着重要的意义：

- 首先，能找到路径说明由源点发出的边和进入汇点的边一定是正向的，也就是一定有一个或大或小的正容量 c 可以消耗。

- 其次，如何看待增益路径上的逆向边？逆向边告诉我们——与它们配对的正向边上一定是有负载、消耗了容量的（不然哪来的逆向边）。

- 进而，具体到逆向边 2->1，它传递给我们的信息是：之前的某条或者某几条路径消耗过从 1 到 2 的容量，且顶点 2 与汇点一定是相通的。

- 现在，我把可以用来消耗的容量 c 通过 2 与汇点的连通性导向汇点，同时"穿越"回过去、假设过去的时刻里 1->2 这条正边上并没有并消耗过 c 这么多容量——如何表达"过去的时刻里 1->2 这条正边上并没有并消耗过 c 这么多容量"呢？就是把容量 c 从逆向边 2->1 上返还到正向边 1->2 上。

- 最后，既然"过去"该从 1->2 消耗的容量 c 已经被我现在的增益路径（前半段）的容量所顶替，直接从 2 安全地导入汇点了，那么"过去"本该经过 1->2 却实则没有经过 1->2 的容量 c 岂不是卡在顶点 1 那里了？怎么办呢？正好从我们现在的增益路径（后半段）上导入汇点嘛！

于是，通过修改容量消耗历史，我们对余量网络上产生于不同时间的增益路径完成了一次精彩的"超时空移花接木"，并且得到了图(c)。图(c)里从 1 到 2 的边上就好像什么都没发生过一样，而增益路径 0->2->1->3 的容量则好像是"跳过"了逆向边，直接穿越到了逆向边的对面，最后进入了汇点。

为了方便大家自己思考、想通带有逆向边的增益路径，图(d)和图(e)是对前面操作的重复，请大家自行推演。图(f)则是最终达到最大流时的结果。通过这一路折腾，我们也从侧面明白了一个道理，那就是增益路径的选择会极大地影响 Ford-Fulkerson 算法的效率——大家可以脑补一下顶点 1 与 2 之间的流量边容量仅为 1，且算法不巧总是在 0->1->2->3 和 0->2->1->3 两条增益路径之间切换的情形。这就是为什么后来涌现出了很多算法，都是试图在增益路径的生成和选择上做优化。

Ford-Fulkerson 算法实现

Ford-Fulkerson 算法是个典型的不好理解、但理解之后很好实现的算法。现在我们已经集齐了 Ford-Fulkerson 算法的各个组件，是时候来实现它了。

首先，我们来声明代表余量边的 ResidualEdge 类：

```java
public class ResidualEdge {
    public int from, to, capacity;
    public boolean isReversed;
    public ResidualEdge paired;

    public ResidualEdge(int from, int to, int capacity) {
        this.from = from;
        this.to = to;
        this.capacity = capacity;
    }
}
```

然后，我们跳过生成流量图的步骤、直接用原始数据生成余量网络：

```java
public class Main {
    public static void main(String[] args) {
        int[][] raw = { // from, to, capacity
                {0, 1, 16}, {0, 3, 13}, {1, 2, 12}, {2, 3, 9}, {2, 5, 20},
                {3, 1, 4}, {3, 4, 14}, {4, 2, 7}, {4, 5, 4}};

        var n = buildResidualNetwork(6, raw);
    }

    public static List<List<ResidualEdge>> buildResidualNetwork(int vCount, int[][] raw) {
        var n = new ArrayList<List<ResidualEdge>>();
        for (var v = 0; v < vCount; v++)
```

```
                n.add(new ArrayList<>());
            for (var r : raw) {
                var e1 = new ResidualEdge(r[0], r[1], r[2]);
                var e2 = new ResidualEdge(r[1], r[0], 0); // 逆向边
                e1.paired = e2;
                e2.paired = e1;
                n.get(e1.from).add(e1);
                n.get(e2.from).add(e2);
                e2.isReversed = true;
            }

            return n;
        }
    }
```

在前面的章节中我们已经看到，在图上穷举路径最节省内存的算法实现是回溯法，所以，我们来使用回溯法实现 Ford-Fulkerson 算法：

```
public static void augment(List<List<ResidualEdge>> n, int sink,
    Set<Integer> visited, Stack<ResidualEdge> path, int v, int cap) {
    if (visited.contains(v)) return; // 发现环路
    visited.add(v);
    if (v == sink) {
        for (var e : path) { // 消耗或返还容量
            e.capacity -= cap;
            e.paired.capacity += cap;
        }
    } else {
        for (var out : n.get(v)) {
            if (out.capacity == 0) continue;
            path.push(out);
            var minCap = Math.min(out.capacity, cap);
            augment(n, sink, visited, path, out.to, minCap);
            path.pop();
        }
    }
    visited.remove(v);
}
```

如下测试代码，可以得到最大流为 23：

```
int source = 0, sink = 5, maxFlow = 0;
var visited = new HashSet<Integer>();
augment(n, sink, visited, new Stack<>(), source, Integer.MAX_VALUE);

// 收集汇点逆向边上的容量

for (var out : n.get(sink))
```

```
        maxFlow += out.capacity;
    System.out.println(maxFlow);
```

如果感兴趣的话，你还可以把余量网络上所有边的容量都打印出来进行观察。进而调整原始数据中边的顺序，看看最大流在各个边上的分配是如何变化的。另外，你可能注意到 ResidualEdge 的字段 isReversed 并没有参与到探寻最大流的算法逻辑中。是的，这个字段是为了方便你把余量网络恢复成流量网络而设置的，不然到时候你无法确定一对余量边中哪个是正向的、哪个是逆向的。

最小割：流量的瓶颈

现在假设你是一位战场上的将军，侦查卫星发现敌人正在通过公路网从城市 A 向城市 B 集结，现在需要你派出特种部队去破坏一部分公路、让敌人彻底无法集结。作为一名有远见的将军，你深知"破坏容易重建难"的道理——公路越宽，运力就越强，修复的时候成本也就越高。那么，应该破坏哪些公路，既可以达到现在完全阻断敌人的集结、又能让未来重建的时候成本最小呢？

其实，这就是一个典型的流量网络上"最小割"（minimum cut）问题。把它抽象成图算法问题，就成了：在一个流量网络上，移除哪几条边后就能彻底切断源点到汇点的流量，并且保证移除的边们容量和最小呢？如果移除一组边就能彻底隔绝源点与汇点，那么这组边就称为流量网络上的一个"割"（cut）。一个流量网络上可能有很多个割，但总有那么一个或几个割的总容量是最小的，那么这个（或这些）割就称为"最小割"了。

那么，如何才能找到最小割呢？很简单——找到最大流就找到最小割了！因为最大流与最小割的总容量一定是相等的。这个很好证明：最小割也是割，所以它能彻底把网络割断，而且它的总容量最小，那么最大流也只能是把最小割的容量都耗尽而已。所以，最大流不可能比最小割的总容量大，因为最小割的总容量是网络流的上限；最大流也不可能比最小割的总容量小，因为如果小的话说明流量还没有达到最大。

明白了最大流与最小割之间的关系，接下来就好办了——我们只需要找到一组边、且它们的总容量加起来等于最大流，那它们就应该是最小割了。可你很快就会发现——能满足这个要求的边的组合实在是太多了，而且并不一定是最小割，甚至可能连割都不是。那我们应该怎么做呢？办法也很简单：首先用前面学过的最大流算法找出最大流，如果最终得到的是一个流量网络，那么就从源点开始，用尚未满载的流量边做 BFS，最后收集所有非内部满载边，你就得到了最小割；如果寻找最大流的时候你得到的是一个余量网络，那么就从源点开始，用余量大于 0 的正向边（相当于未满载的流量边）做 BFS，最后收集所有余量为 0 的非内部正向边（相当于满载边）。所谓"内部边"指的就是边的起点和终点都包含在了被 BFS

扫描到的顶点里。

下面这张图里有两个已经找出最大流的流量网络，通过观察可以发现，用上面的原理收集满载边，就能得到最小割。图(a)的最小割由边 1->2、4->2、4->5 构成；图(b)的最小割则由边 1->2、3->4、5->2、5->4、5->6 构成，注意边 0->5，它的起点和终点都被 BFS 访问到了，所以它是一条内部边、不会被收集进最小割里：

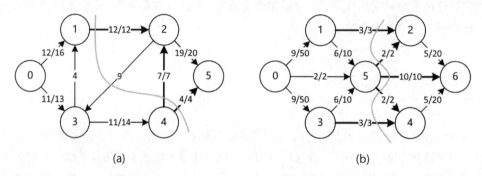

(a)   (b)

在上一节 Ford-Fulkerson 算法所产生的余量图上，我们可以用如下代码来寻找最小割：

```java
public static List<ResidualEdge> getMinCut(List<List<ResidualEdge>> n, int source) {
    var minCut = new ArrayList<ResidualEdge>();
    var visited = new HashSet<Integer>();
    var q = new LinkedList<Integer>();
    visited.add(source);
    q.offer(source);
    while (!q.isEmpty()) { // BFS
        int from = q.poll();
        for (var out : n.get(from)) {
            if (out.isReversed || out.capacity == 0
                    || visited.contains(out.to)) continue;
            visited.add(out.to);
            q.offer(out.to);
        }
    }

    for (var v : visited) // 收集非内部正向满载边
        for (var out : n.get(v))
            if (!out.isReversed && out.capacity == 0
                    && !visited.contains(out.to))
                minCut.add(out);

    return minCut;
}
```

如果将我们在上一节中得到的余量图代入这个最小割算法：

```
var minCut = getMinCut(n, source);
for (var re : minCut)
    System.out.printf("%d->%d\n", re.from, re.to);
```

我们能得到一个由三条边组成的最小割。这三条边正是 1->2、4->2 和 4->5，与图(a)
一致。得到这个结果的一刹那，心中不禁感慨中华文明的博大精深——我们常用"一夫当关，
万夫莫开"来形容一处关隘的险要与易守难攻，这样的关隘往往会修筑在交通网的咽喉要道
上，而这些咽喉要道都有一个共同的特点那就是"窄"，或者说容量小。如果在地图上把这
些关隘连接起来，连接线所形成的割线应该就是某个时代战略运输上的"最小割"了。看来，
无论是丝绸之路上的雄关漫漫、神州大地上的锁钥重镇，还是中华文明的符号之一——长城，
都蕴藏着最小割的原理啊！

拓扑排序

现实生活中，很多事情都必须按照一定的顺序来做。这个顺序背后所隐藏的，可能是逻
辑上的依赖关系，也可能是不能改变的社会规则。比如，下班后我想吃西红柿炒鸡蛋，但冰
箱已经空了，那么"买鸡蛋"和"买西红柿"这两件事就必须做在"炒鸡蛋"之前，这是因
为它们之间有着逻辑上的依赖关系。但先买鸡蛋还是先买西红柿就随意了，因为这两件事情
间倒是没有什么依赖关系。再比如，每天上班之前必做的三件事是洗澡、穿正装、坐公交，
它们之间遵循的就是社会规则——虽然法律并没有禁止穿好正装后再洗澡，但真的很难想象
浑身淌着水、坐在公交上是一个什么样的场景……

像这样的例子可以说是数不胜数，它们可以统统归类为"调度问题"（scheduling
problems）。简单的调度问题只需要求出事情的先后顺序即可，而复杂的，还要在顺序的基
础上考虑一个或者多个维度上权重的优化。因为调度问题是个很大的话题，所以本节里我们
只讨论求先后顺序的简单问题。求出先后顺序后，只需要结合之前我们已经深入探讨过的动
态规划，就能解决很多复杂的、需要考虑权重的问题了。

我们要求解的问题是这样的：学校里给定了 5 门必修课以及它们的先修关系，比如修课
程 4 之前必须已经修完课程 1、2、3，修课程 2 之前需要已经修完课程 1 等等，请问学生们
应该按什么样的顺序修习这些课程？

因为先修关系是老师们提出来的，所以每门课的老师只关心修这门课之前学生是否已经
修完了必要的基础课，但他/她不会关心学生修习这些基础课的顺序。比如，讲授课程 4 的
老师会跟学生们说："报这门课之前，1、2、3 这三门课要都学完哦！"，而他/她不会关心学
生是先学课程 1 还是先学课程 2。但讲授课程 2 的老师会跟学生们说："报这门课之前，课
程 1 要有成绩哦！"这时候，学生明确了要先修课程 1、再修课程 2。一旦课程多起来，我们

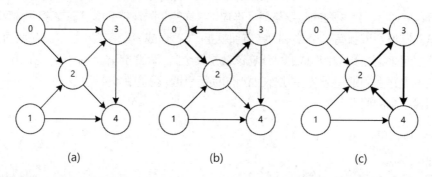

就必需用算法才能在这些错综复杂的依赖关系中把先后顺序厘清了，而这个算法就是"拓扑排序"（topological sort）。"拓扑排序"和"拓扑顺序"（topological order）这两个词经常是混用的，其实，拓扑排序的作用就是在一个有向无环图上找出元素们的拓扑顺序。

我们用下面这张图来描述课程之间的先修关系：

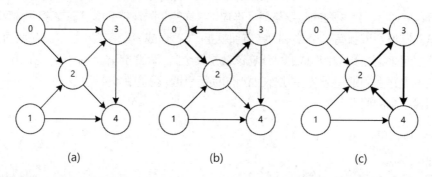

(a)　　　　　　　　(b)　　　　　　　　(c)

图上的每个顶点都代表一门课程，顶点之间的有向边则代表着先后顺序——边的起点代表需要先学的课程，边的终点代表后学的课程。显然，只有有向无环图上的顶点才会有拓扑顺序。想想也知道，如果课程 2 的老师让你先学完课程 1 再报他/她的课，而课程 1 的老师又要求先学完课程 2 才能报他/她的课，这课就没法选了。所以，无论是有环的有向图还是天生就带环的无向图，都不能用来做拓扑排序。因此，图(a)是正确的课程先修关系，图(b)和图(c)都是有问题的、带环的关系。下面我们就来开始设计拓扑排序算法，并用这三个图来检验之。

生成入度图与出度图

之前我们构建的所有图都是出度图，即当我们把图表达为邻接列表后，列表的索引表达的是边的出发顶点，而列表的元素则表达的是由出发顶点所引出的边们（List<List<Edge>>）或者所进入的顶点们（List<List<Integer>>）。入度图正好相反，邻接列表的索引表达的是边的进入，而列表的元素则表达的是由哪些边或者哪些顶点能够进入这个顶点。

下面的代码将原始数据分别构建成了出度图和入度图：

```
public class Main {
    public static void main(String[] args) {
        int[][] raw = { // {from, to}
                {0, 2}, {0, 3}, {1, 2}, {1, 4},
                {2, 3}, {2, 4}, {3, 4}};

        var vCount = 5;
        var outG = buildGraph(vCount, raw, true);
        var inG = buildGraph(vCount, raw, false);
    }
```

```java
public static List<List<Integer>> buildGraph(int vCount, int[][] raw, boolean isOut) {
    var g = new ArrayList<List<Integer>>();
    for (var v = 0; v < vCount; v++)
        g.add(new ArrayList<>());
    for (var e : raw)
        if (isOut)
            g.get(e[0]).add(e[1]); // 构建出度图
        else
            g.get(e[1]).add(e[0]); // 构建入度图
    return g;
    }
}
```

理解顶点的入度

拓扑排序的一个关键知识是顶点的入度，即有多少条边进入到这个顶点。没有边进入的顶点入度为 0。下面这个函数向我们介绍了如何在出度图和入度图上寻找入度为 0 的顶点：

```java
public static List<Integer> getEntries(List<List<Integer>> g, boolean isOut) {
    var vCount = g.size();
    var entries = new HashSet<Integer>(); // 方便 remove
    if (isOut) {
        for (var v = 0; v < vCount; v++)
            entries.add(v);
        for (var v = 0; v < vCount; v++)
            for (var to : g.get(v))
                entries.remove(to);
    } else {
        for (var v = 0; v < vCount; v++)
            if (g.get(v).size() == 0)
                entries.add(v);
    }

    return new ArrayList<>(entries);
}
```

分别在出度图和入度图上调用这个函数，我们都能得到[0, 1]这个输出。这个输出很重要，因为它告诉我们 0 和 1 这两门课程的入度（in-degree）为 0，也就是说，这两门课程是不需要任何先修课程的，所以我们可以从它们学起。显然，如果你发现根本就没有入度为 0 的顶点，那么拓扑顺序的求解也就根本无法入手——因为这个图肯定是有环的。注意：没有入度为 0 的顶点代表着图上有环，但图上有环不一定就没有入度为 0 的顶点，例如图(b)和图(c)。

准备工作完成后，我们就可以设计算法了。递推和递归都可以用来实现拓扑排序，下面我来分别讲述。

递推实现

递推版拓扑排序的原理是：从初始入度为 0 的顶点入手，把它们压进队列里，当顶点从队列里弹出的时候，将所有此顶点去往顶点的入度减 1，如果发现哪个去往顶点的入度变为 0 了，就把这个顶点压入队列。循环往复，直至队列为空。因为环路上的折返边会导致折返边进入的顶点入度增加，所以折返边进入的顶点会因入度不能及时降为 0 而永远无法进入队列。因此，当图上有环路的时候，队列就会过早地变空，排序结果集的长度就会小于顶点的总数。

将这个设计思路实现出来，就能得到下面的代码：

```java
public static List<Integer> sort(List<List<Integer>> outG) {
    var vCount = outG.size();
    var inDegree = new HashMap<Integer, Integer>();
    for (var v = 0; v < vCount; v++)
        inDegree.put(v, 0);
    for (var toList : outG)
        for (var to : toList)
            inDegree.put(to, inDegree.get(to) + 1);
    var order = new ArrayList<Integer>();
    for (var v = 0; v < vCount; v++)
        if (inDegree.get(v) == 0)
            order.add(v);
    var q = new LinkedList<>(order);
    while (!q.isEmpty()) {
        var from = q.poll();
        for (var to : outG.get(from)) {
            var d = inDegree.get(to);
            inDegree.put(to, --d);
            if (d == 0) {
                order.add(to);
                q.offer(to);
            }
        }
    }

    return order.size() == vCount ? order : null;
}
```

有意思的是，因为它看上去有点像 BFS，所以经常会被称为"拓扑排序的 BFS 实现"，其实它跟 BFS 一点关系都没有。特别是它的结果顺序与 BFS 的结果顺序可能会有很大的不同。例如，一个与源点直接相连的顶点 v，在 BFS 中会很早地出现在结果集中，但在拓扑排序中，如果有若干条比较长的路径汇入 v，那么 v 会很晚才出现在结果集中——因为它的依赖比较多。此外，BFS 也根本不在乎有环没环。

递归实现

递归版拓扑排序的好处是不用关心顶点的入度。它的思路是：随便从哪个顶点开始，做 DFS（真正的 DFS，后序的），DFS 结束后把顶点放入结果集即可。为了发现环路，除了给 DFS 用的全局顶点访问记录外，我们还要为每次 DFS 准备一个"私有的"顶点访问记录，如果 DFS 的过程中"私有"顶点访问记录发现重复，那就返还 null 值。换句话说，就是"不走回头路"。代码实现如下：

```
// 包装器
public static List<Integer> sort(List<List<Integer>> outG) {
    var vCount = outG.size();
    var visited = new HashSet<Integer>();
    var onPath = new HashSet<Integer>();
    var order = new LinkedList<Integer>();
    for (var v = 0; v < vCount; v++) {
        if (visited.contains(v)) continue;
        var isValid = collect(outG, v, visited, onPath, order);
        if (!isValid) return null; // 发现环路
    }

    return order;
}

private static boolean collect(List<List<Integer>> outG, int from,
            Set<Integer> visited, Set<Integer> onPath, List<Integer> order) {
    if (onPath.contains(from)) return false; // 发现环路
    if (visited.contains(from)) return true;
    onPath.add(from);
    visited.add(from);
    for (var to : outG.get(from)) {
        var isValid = collect(outG, to, visited, onPath, res);
        if (!isValid) return false;
    }
    order.add(0, from);
    onPath.remove(from); // 移除出路径
    return true;
}
```

一般情况下，递归版的代码都会比递推版的简短，为什么这次递归版的代码又长又复杂呢？主要还是因为其中添加了探测环路的逻辑。而环路探测逻辑的复杂之处在于，它应用了回溯法的原理来跟踪当前路径上都有哪些顶点。换句话说，现在这版代码是一个 DFS 和回溯的"杂合版"。如果去掉其中的环路探测逻辑，递归版代码能少去一小半，并且会是一个非常干净漂亮的 DFS。

思考题

1. 如果给你的图上保证没有环路，那么，你会如何简化递推版和递归版的拓扑排序算法呢？

2. 章节中我们为出度图实现了递推版和递归版的拓扑排序，请问你能为入度图也实现拓扑排序吗？

后记

　　从四月一日到五月十八日，在经过一个多月的笔耕不辍后，这本我自认为上不得什么台面的书算是写完了。之于我，这本书的写作就是一场自我救赎。为什么这么说呢？因为这次写作让我有机会去深入思考一些以前已经知道的东西，也有机会让我去把之前似懂非懂、模棱两可的东西看真切，更有机会让我去探究一些之前不敢或者不愿意去触碰的东西，并最终用打磨后的语言把它们表述出来、讲给你听。一本书写下来，我终于在内心中认可自己是个"合格的程序员"了。这并非矫情，作为一名非计算机专业的开发者，一直以来都为自己没能系统地将算法学习一遍而感到惴惴不安、心里不踏实。现在终于踏实了，而且面对编码任务时感觉自信倍增。究其本源，这种自信产生于一种对算法的通透感和对代码的驾驭感——当你对家周围的大街小巷了如指掌后，想从一个地方去另一个地方时，能这么走、不能那么走，心里是十分清楚的。所以，衷心希望你在读完这本书后也能找到跟我一样的感觉，最好是超越我。

　　写这本书并没有人向我约稿，我也只是把它当作一个缓解压力的长博客来写的。是的，开始写这本书的时候我正在备战 Google 的面试，加之前段时间有点管不住自己、多打了几盘刚发布的新游戏，浪费了不少的宝贵时间，所以心中颇为焦虑。写作向来是件能让我平静下来的事情，一写起东西来，沉浸其中，就好像进入到了另一维世界，什么焦虑与纷扰，瞬间全无！于是，我决定完成几年来的心愿——将备战面试和竞赛训练时的心得总结出来、集结成册——这样一来可以避免自己再浪费时间，二来也能与面试的准备产生些合力。幸运的是，就在本书的写作过程中，我通过了 Google 的面试，现在正在进行"团队匹配"（team matching）。团队匹配是 Google 招聘流程中的一步，受到当下 COVID-19 新冠疫情的影响，整个招聘流程都进展得十分缓慢。有些公司甚至开始纷纷裁员。也许我就这么与自己梦想中的公司擦肩而过也说不定……我们每个人都受到了这场疫情的影响——无一例外，这就是历史，我们每个人都是这个历史事件的一部分。希望这场影响世界的疫情赶快结束，也祝每位读者健康、平安。

我倒不认为过了谁家的面试、拿了谁家的 offer 自己的价值就增加了。我还是我，到底有多大价值还是要看我对人们有多大用。在我看来，我的"用处"就是能帮助到那些自强不息的学习者们——让他们以更少的痛苦、更快的速度和更高的质量获得我仅有的那么一点编程方面的知识和经验。不是谦虚，这本勉强能称得上是"书"的书，跟像《算法导论》这样的真正的书是根本没法比的——它没有论证、没有引用、没有评审、一己之力、东拼西凑……唯一说得过去的就是它记述了我对算法和编程的真实感受。那是一种修行一般的感受，禅悟一般的感受。

此去上一本书《深入浅出 WPF》的出版正好十年。跟水利社的春元兄聊过好几次出第二版的事情，但作为一项具体的技术，原理都讲清楚了，而且微软的文档质量近几年来也是突飞猛进（无论是英文的还是中文的），所以再版的意义就不是那么大了。但这本书不一样，肯定还会再版。首先，很多有意思的话题还没有涉及，比如数据结构的实现、计算几何和一些高阶算法等；其次，例题方面也捉襟见肘（或者说"根本没有"更贴切一些）。再加上肯定还有很多错误需要更正，很多大家的意见需要听取，所以，后记收笔之时便是下一版开始策划之刻。

远山深林、晨钟暮鼓是修行，长路漫漫、风尘仆仆也是修行。饱读诗书是修行，阅人无数也是修行。一杯茶、一盏灯是修行，登高山、望大海也是修行。总之，只要耐心、用心，事事皆为修行。修行不是形式主义，不是表演给别人看，而是自身切实地从中悟到了什么，体验到了什么。如此，写作是修行，编写代码、打磨算法也是修行——向着禅悟的修行。

刘铁猛

2020 年 5 月 18 日，于 Kirkland 家中

后记